目錄

：附 STEAM UP 小學堂

中文（附粵語和普通話錄音）

2 認讀：車、路、船
6 認讀：火車、巴士
10 認讀：花、草、樹
14 認讀：紅色、藍色、黃色、橙色；知道花有不同顏色
18 認讀：碗、碟、刀子、叉子
22 認讀：正方形、長方形、圓形、三角形
26 認讀：哭、笑；認識情緒
30 認讀：天空、杯子、樹木、雨水
34 認識中國數字：一、二、三
38 認讀：日、山、海、沙；認識沙的特性
42 認讀：上衣、裙子、帽子、鞋子
46 認讀：游泳衣、玩沙、海洋、小船
50 認讀：穿衣、吃飯、刷牙、洗手
54 認讀：眼睛、鼻子、口、耳朵、手、腳
58 認讀：天空、小鳥、山羊、雨天
62 温習字詞

英文

3 温習大楷 A 至 N
7 認識大楷 O、P 和小楷 o、p
11 認字：orange、pig；温習 M 至 P 的大小楷
15 認字：pig、orange、nose、moon
19 認識大楷 Q、R 和小楷 q、r
23 認字：queen、rose；温習 P 至 R 的大小楷
27 認識大楷 S、T 和小楷 s、t
31 認字：star、table；温習 S、T 的大小楷
35 認識大楷 U、V 和小楷 u、v
39 認字：umbrella、vase；温習 S 至 V 的大小楷
43 認識大楷 W、X 和小楷 w、x
47 認字：window、X-ray；温習 V 至 X 的大小楷
51 認識大楷 Y、Z 和小楷 y、z
55 認字：window、yo-yo、zebra、jam
59 温習大楷 A 至 Z
63 温習字詞

數學

4 温習 1-7 的數字和數量
8 認識 8 的數字和數量
12 認識一樣多的概念
16 認識 9 的數字和數量
20 認識多和少的概念
24 認識 10 的數字和數量
28 温習 1-10 的順序數數
32 認識空和滿的概念
36 温習 6-10 的數字和數量
40 認識闊和窄的概念
44 認識 11 的數字和數量
48 認識快和慢的概念
52 認識由大至小的排列
56 認識排列的概念
60 辨別異同
64 温習圖形和數數

常識

5 認識海、陸、空的交通工具；認識汽車輪子滾動的情況
13 認識春天的事物；認識霧
21 認識與各行業有關的物品
29 認識水的用途
37 認識與端午節有關的事物
45 認識游泳的用品
53 認識飲食衞生
61 認識水上安全

藝術

9 直線、圓形和弧線練習
17 弧線和曲線練習
25 設計郵票；知道齒孔邊的作用
33 拒水畫；認識水和蠟的特性
41 設計衣服；知道布料能染色
49 撕貼畫
57 摺紙；認識鯨魚的特性

• 認讀：車、路、船

日期：

請把相配的圖畫和字詞用線連起來，然後掃描二維碼，跟着唸一唸字詞。

1

• • chē 車

2

• • lù 路

3

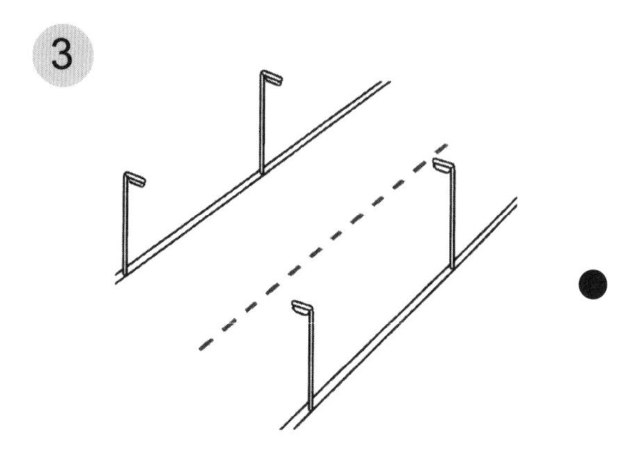

• • chuán 船

日期：

請從貼紙頁選取正確的大楷字母貼紙，貼在 ⬚ 內。

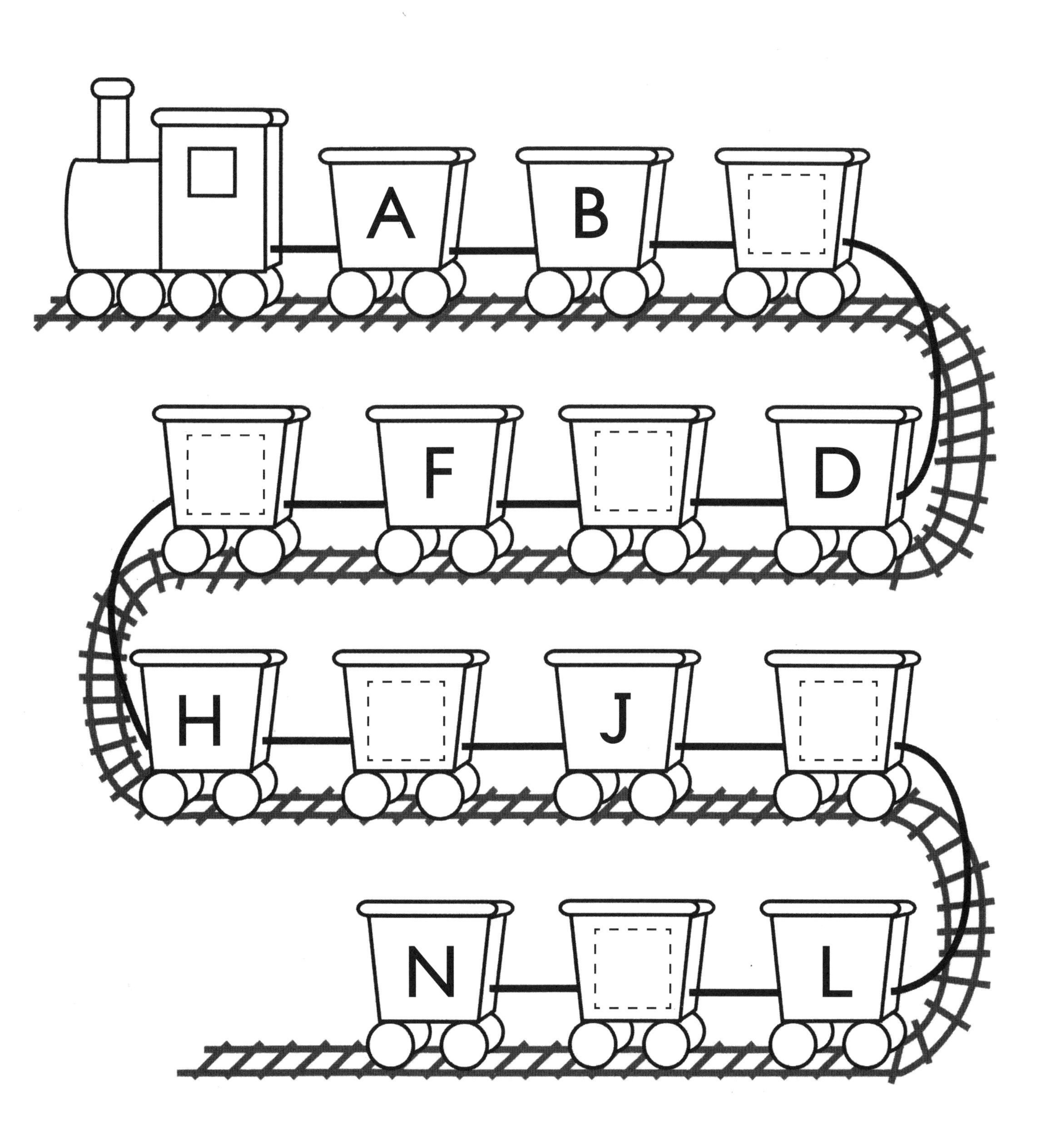

請按數字貼上正確數量的交通工具貼紙。

1	
2	
3	
4	
5	
6	
7	

- 認識海、陸、空的交通工具
- 認識汽車輪子滾動情況

日期：

請把相配的圖畫用線連起來。

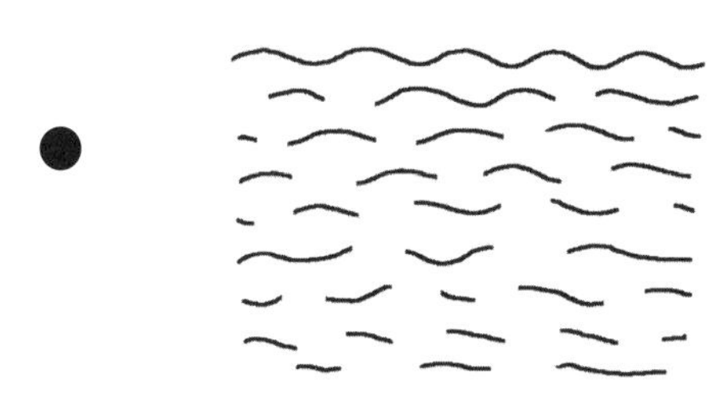

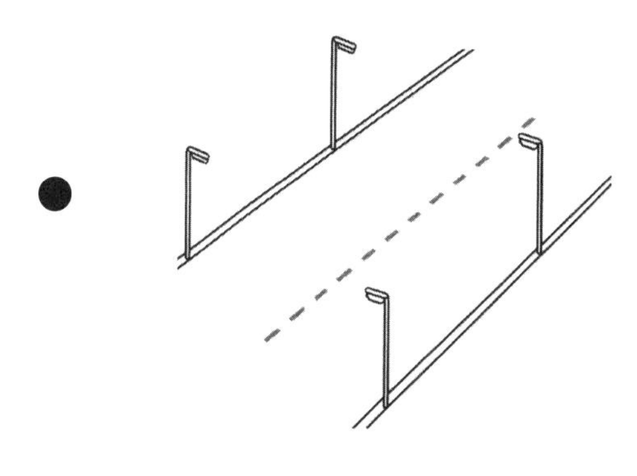

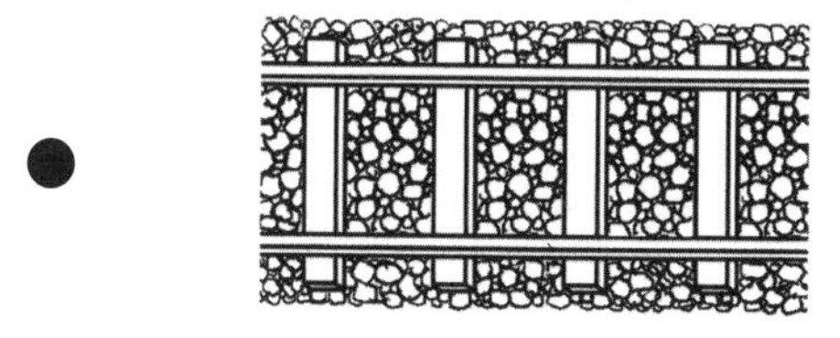

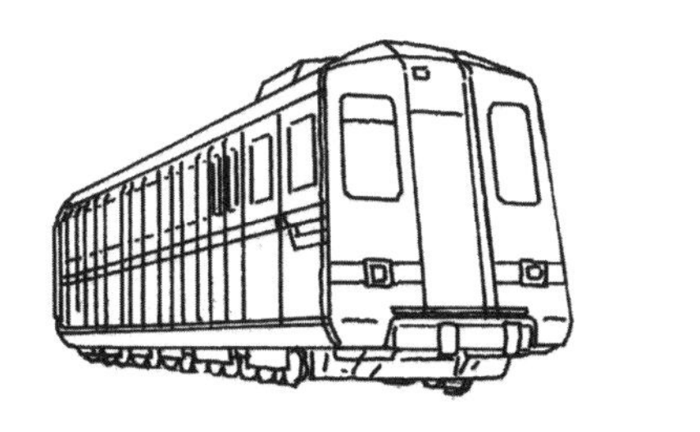

STEAM UP 小學堂

請爸媽給孩子圓柱體或五元硬幣，請他嘗試在桌子上滾動圓柱體或五元硬幣，模仿汽車的輪子滾動。在日常生活中，汽車是靠輪子在路上行駛的，而方向盤是用來控制輪子的轉向以拐彎。鐵路則是鋪上鐵軌，讓列車的輪子沿着路軌前進和轉彎的。

• 認讀：火車、巴士

日期：

請把跟圖畫相配的字詞圈起來，然後掃描二維碼，跟着唸一唸字詞。

1

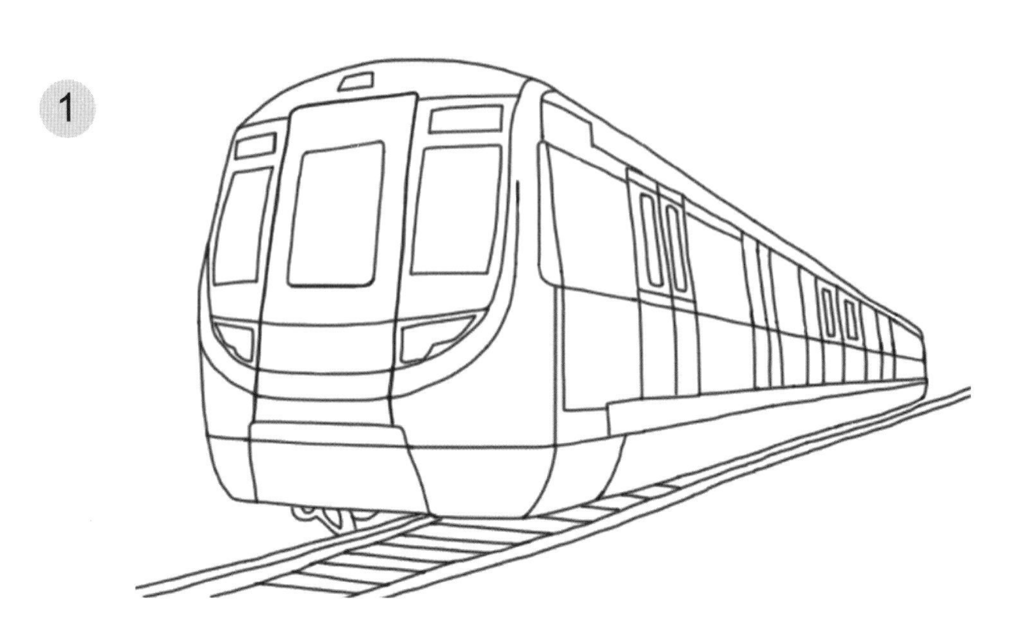

huǒ chē　　bā shì
火車 / 巴士

2

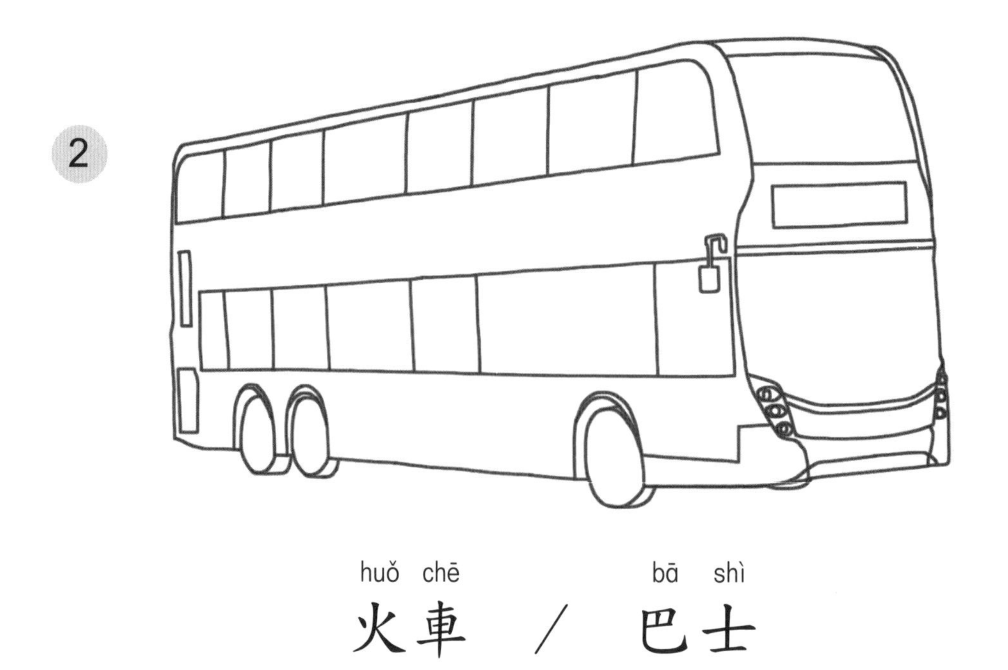

huǒ chē　　bā shì
火車 / 巴士

• 認識大楷 O、P 和小楷 o、p

日期：

請用手指沿着虛線走，然後把圖畫填上顏色。

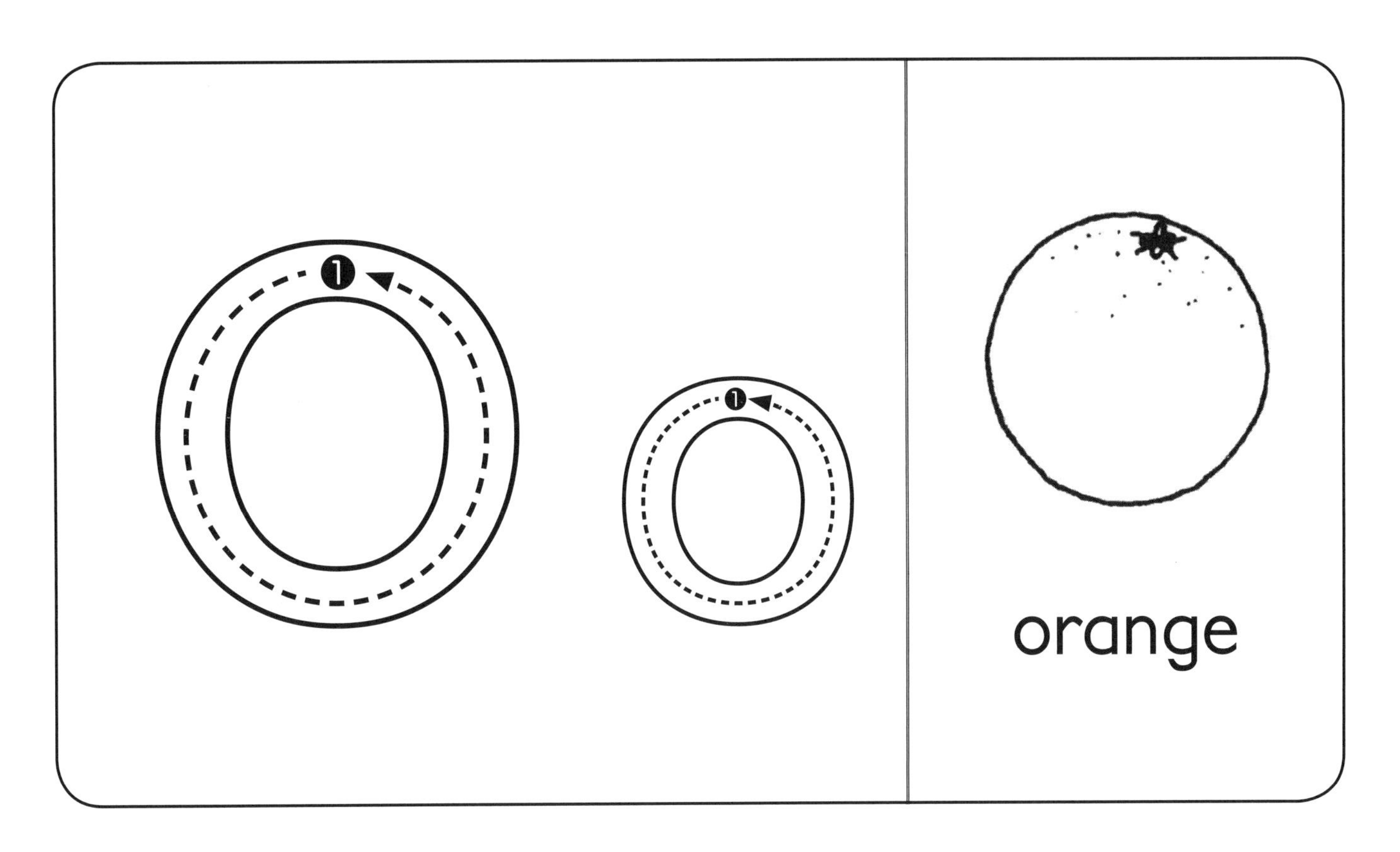

請用手指沿着虛線走，然後把數量是 8 的物件填上顏色。

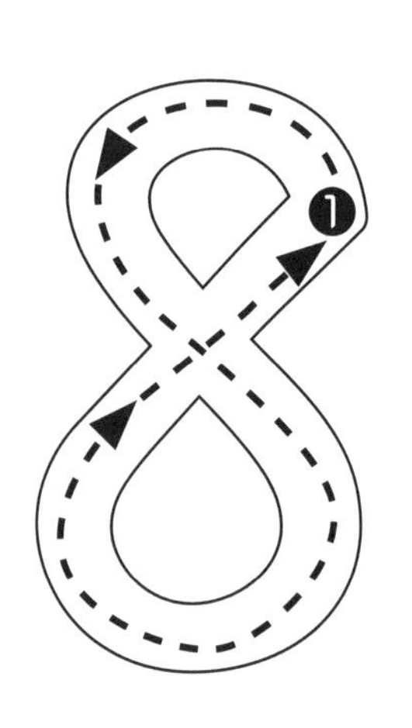

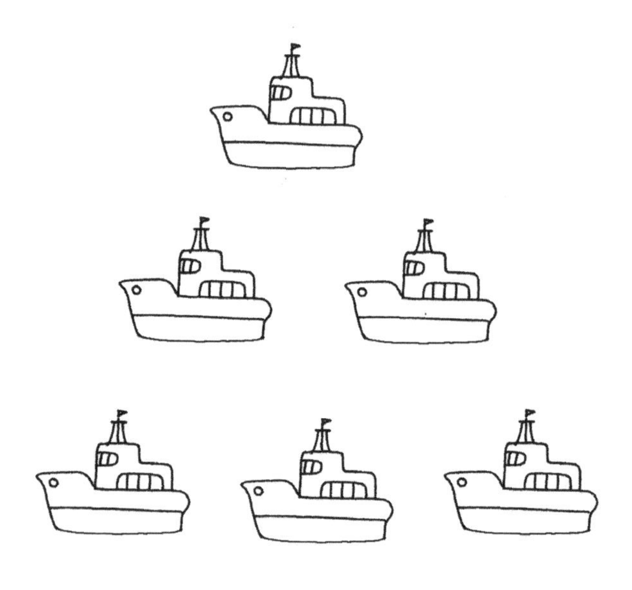

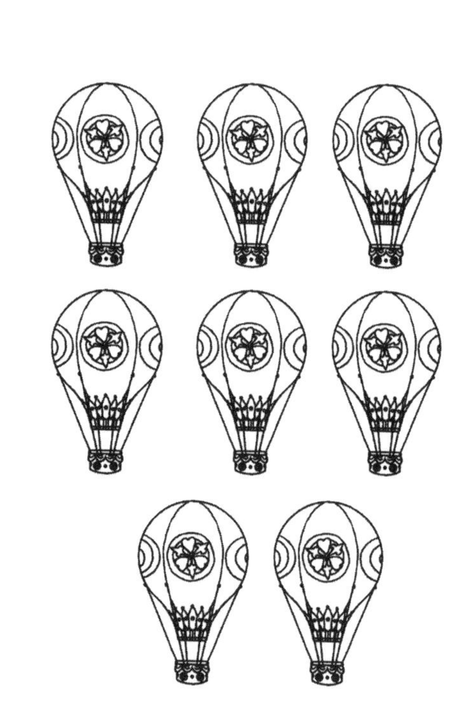

日期：

請把虛線連起來，然後把圖畫填上顏色。

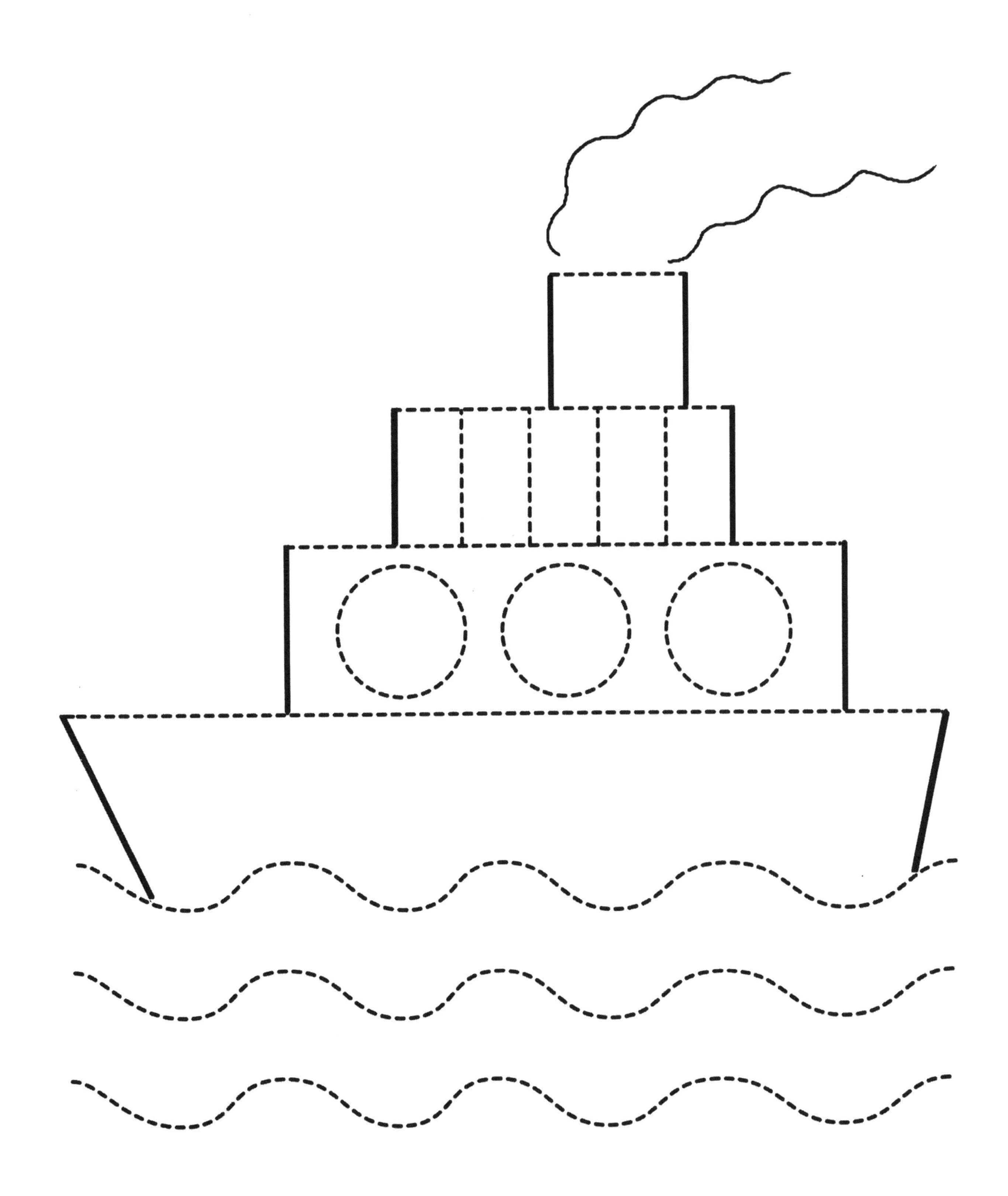

• 認讀：花、草、樹

日期：

請把相配的字詞和圖畫用線連起來，然後掃描二維碼，跟着唸一唸字詞。

1 huā 花 •

• 

2 cǎo 草 •

• 

3 shù 樹 •

• 

- 認字：orange、pig
- 温習 M 至 P 的大小楷

日期：

請把跟圖畫相配的字詞填上顏色。

請把相配的大小楷字母用線連起來。

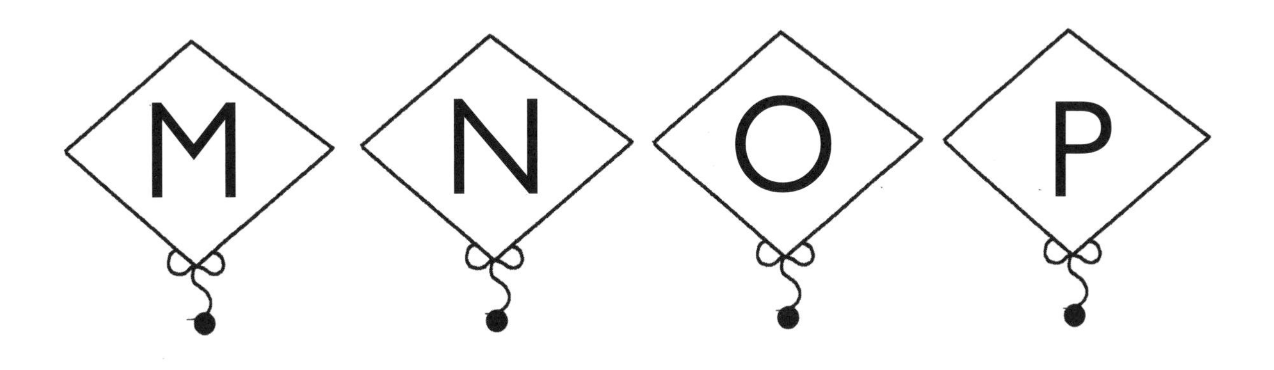

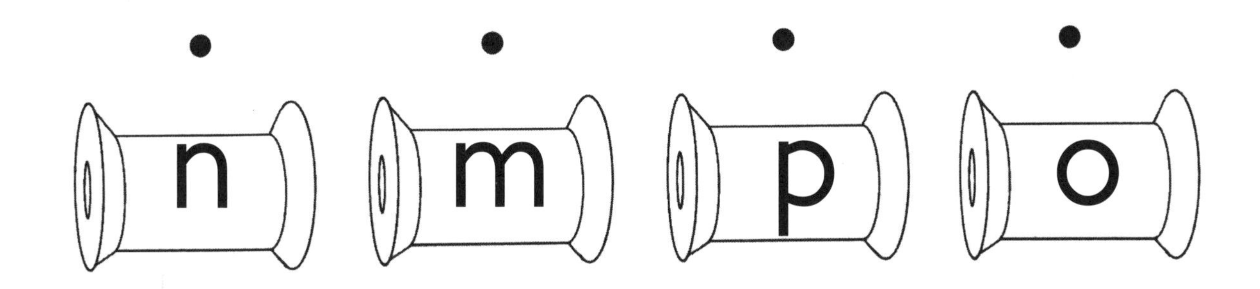

請把每組數量相同的東西用線連起來。

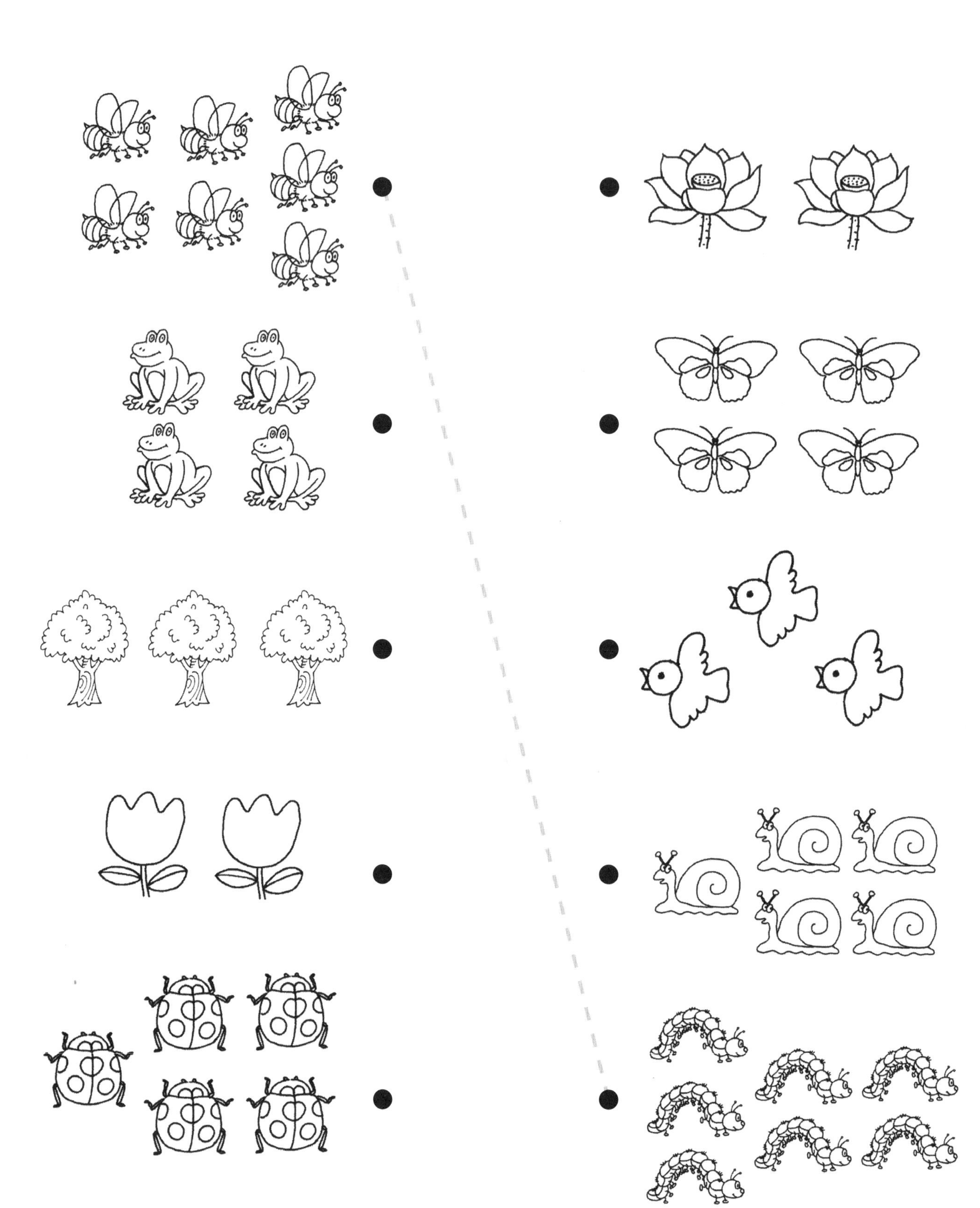

- 認識春天的事物
- 認識霧

日期：

哪些是屬於春天的事物？請把  貼紙貼在 ⬚ 內。

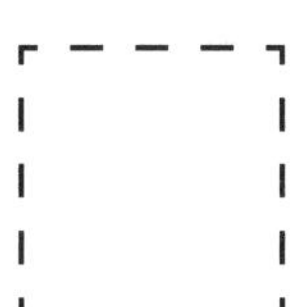

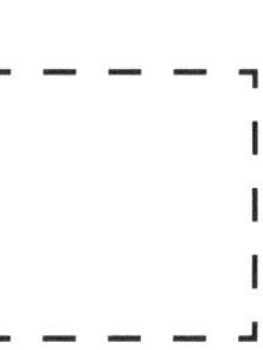

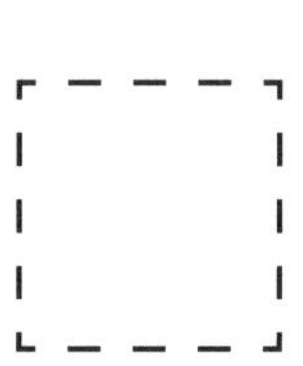

STEAM UP 小學堂

請爸媽給孩子一面小鏡子，然後請孩子對着小鏡子呵氣，看看鏡面上是否蒙上一層霧氣。鏡子會起霧是因為呼出的暖氣遇到鏡子冷冷的表面，凝結成了小水滴。而霧就是在空氣的水氣，在接近地面時凝結而成細小的水滴浮於空中。霧通常出現在春季。

- 認讀：紅色、藍色、黃色、橙色
- 知道花有不同顏色

日期：

請按字詞把花朵填上顏色，然後掃描二維碼，跟着唸一唸字詞。

粵語

普通話

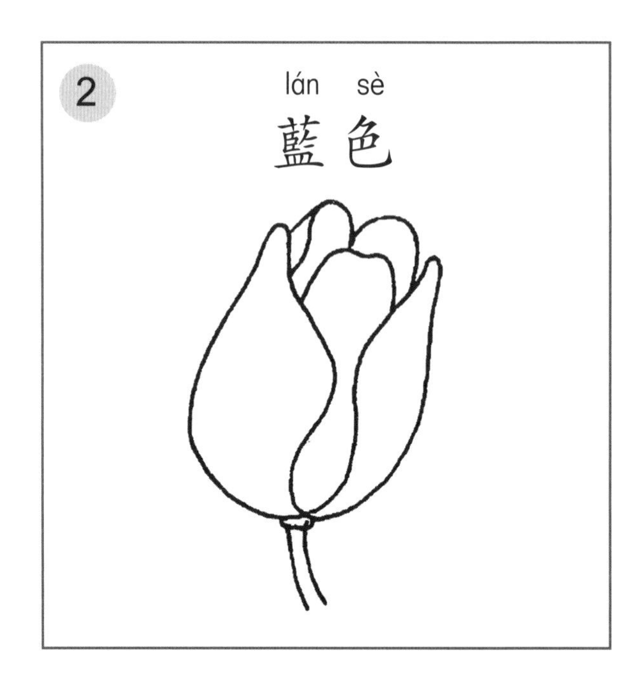

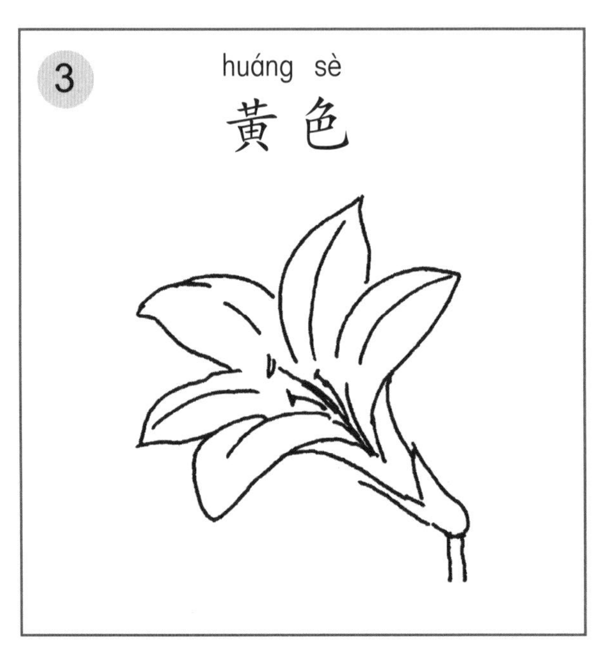

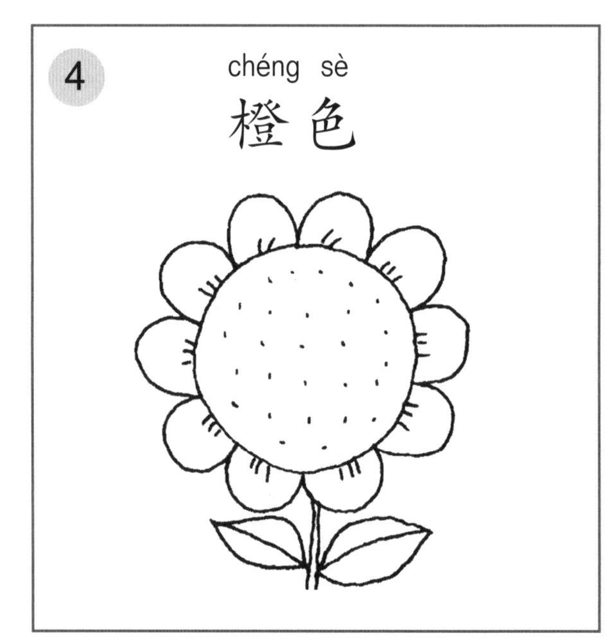

STEAM UP 小學堂

請爸媽預備一朵白色的花，然後將花的莖部削成 45 度斜面，插在盛載着顏色水的水杯中。請孩子看看花會不會吸收顏色水從而變色吧！

在大自然裏，每朵花的花瓣中都含有各種色素，叫做「花青素」，它控制花的粉紅色、紅色、紫色及藍色等顏色變化，所以花便有不同顏色了。

• 認字：pig、orange、nose、moon

日期：

請在跟圖畫相配的字詞旁的 □ 內填上 ✓。

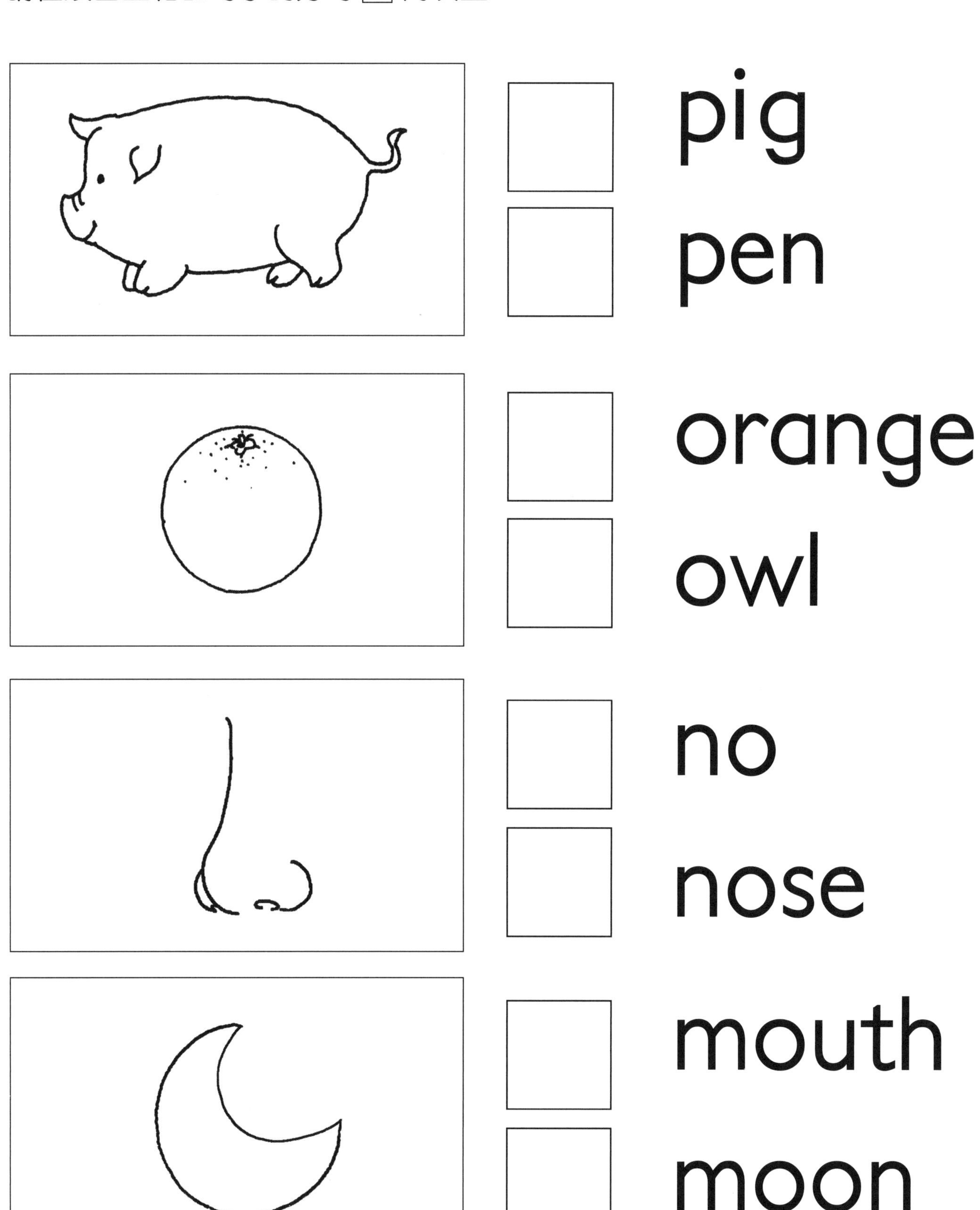

日期：

請用手指沿着虛線走，然後把數量是 9 的物件圈起來。

• 弧線和曲線練習

日期：

請把虛線連起來，然後在空白的復活蛋上設計你喜歡的圖案，再把圖畫填上顏色。

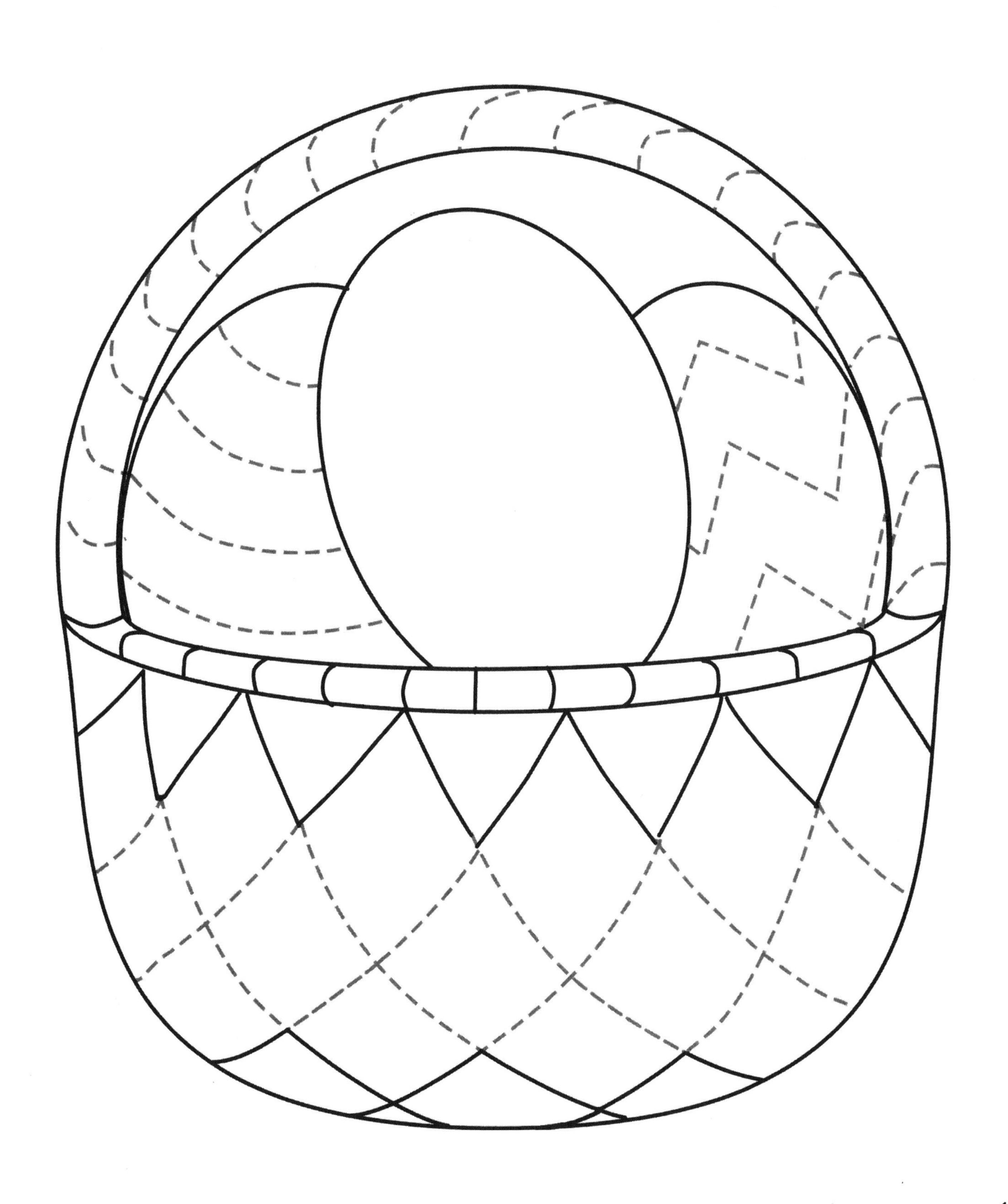

日期：

請從貼紙頁選取跟圖畫相配的字詞貼紙，貼在 ⬚ 內，然後掃描二維碼，跟着唸一唸字詞。

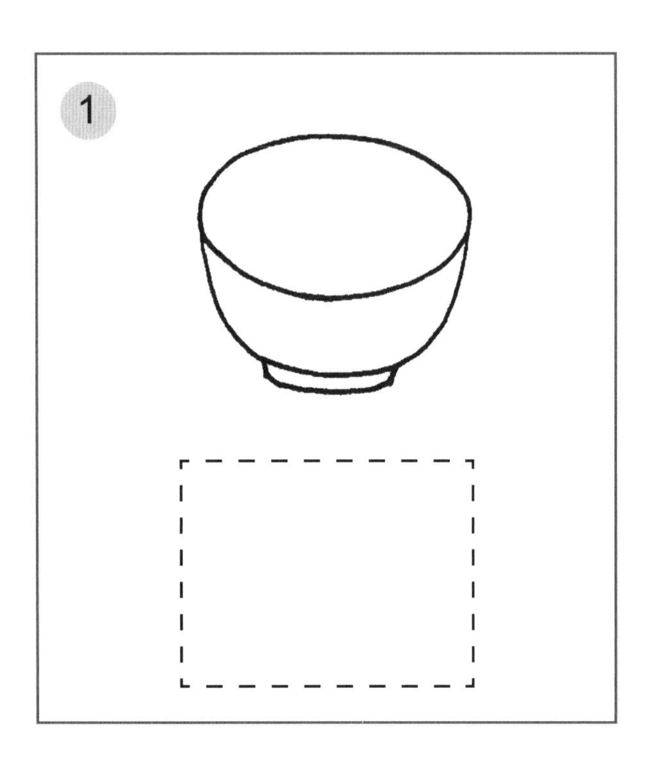

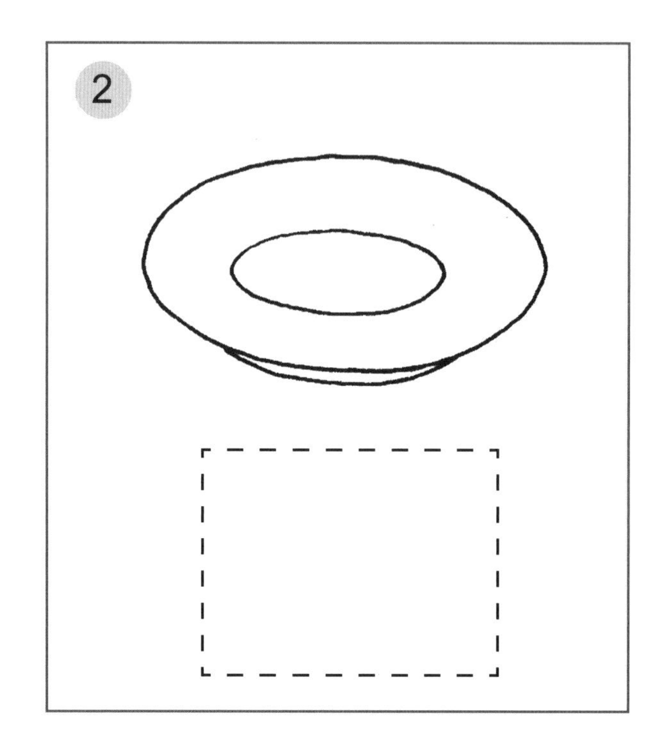

• 認識大楷 Q、R 和小楷 q、r

日期：

請用手指沿着虛線走，然後把圖畫填上顏色。

請把數量最多的一組物件填上黃色，把數量最少的一組物件填上紅色。

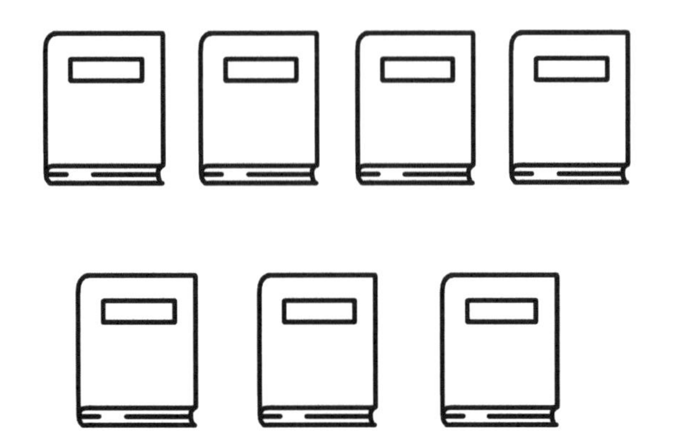

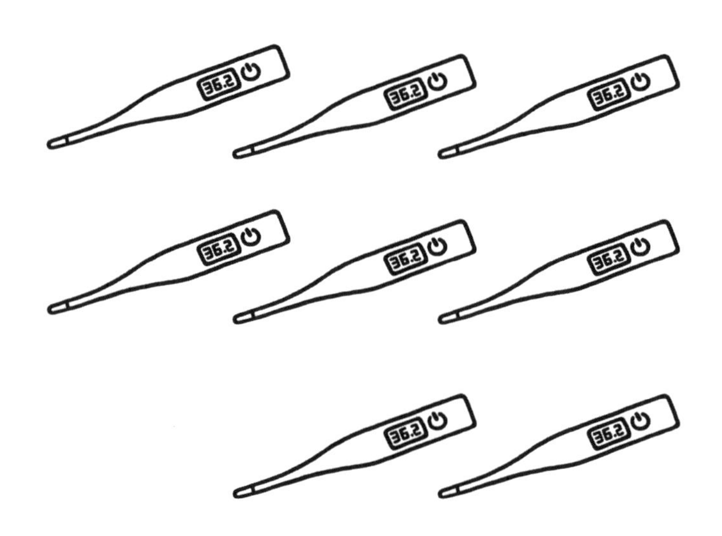

• 認識與各行業有關的物品

日期：

請把與各行業有關的物品圈起來。

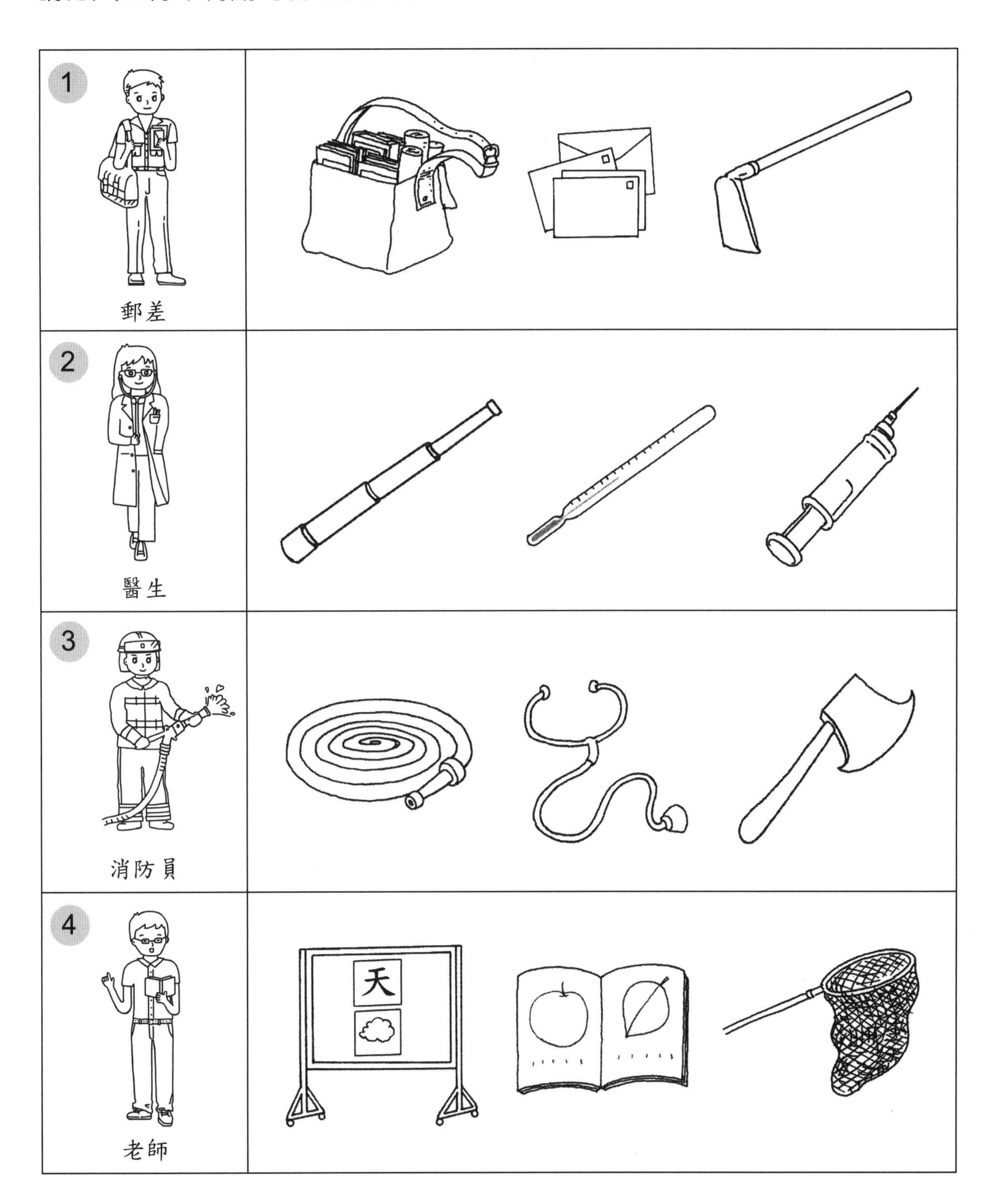

• 認讀：正方形、長方形、圓形、三角形

日期：

請把字詞和圖畫用線連起來，然後掃描二維碼，跟着唸一唸字詞。

1 zhèng fāng xíng
正方形 • •

2 cháng fāng xíng
長方形 • •

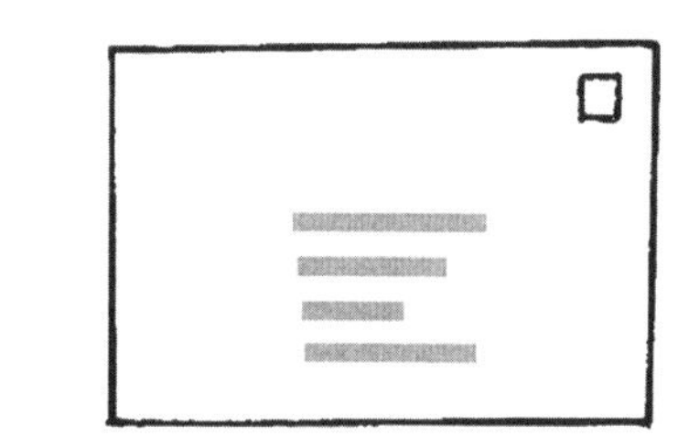

3 yuán xíng
圓形 • •

4 sān jiǎo xíng
三角形 • •

- 認字：queen、rose
- 温習 P 至 R 的大小楷

日期：

請把跟字詞相配的圖畫填上顏色。

請從貼紙頁選取相配的小楷字母貼紙，貼在 ⬚ 內。

請用手指沿着虛線走，然後把數量是 10 的物件圈起來。

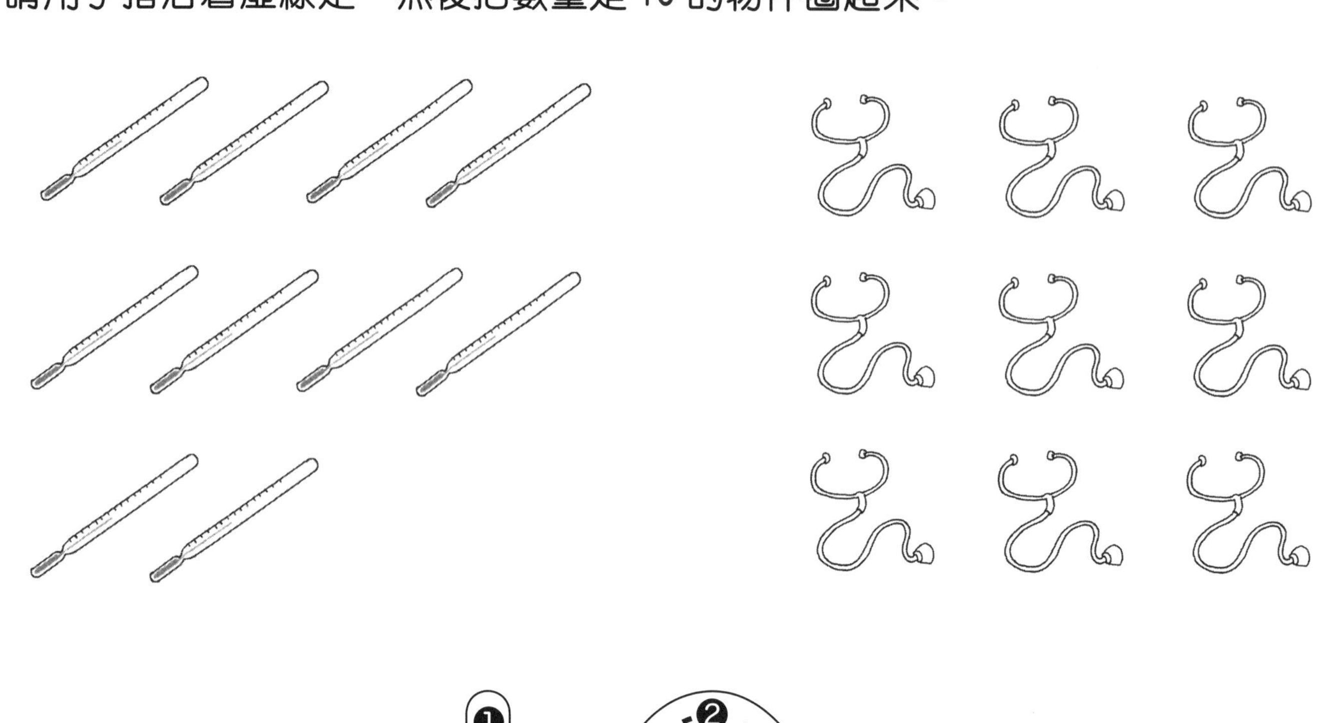

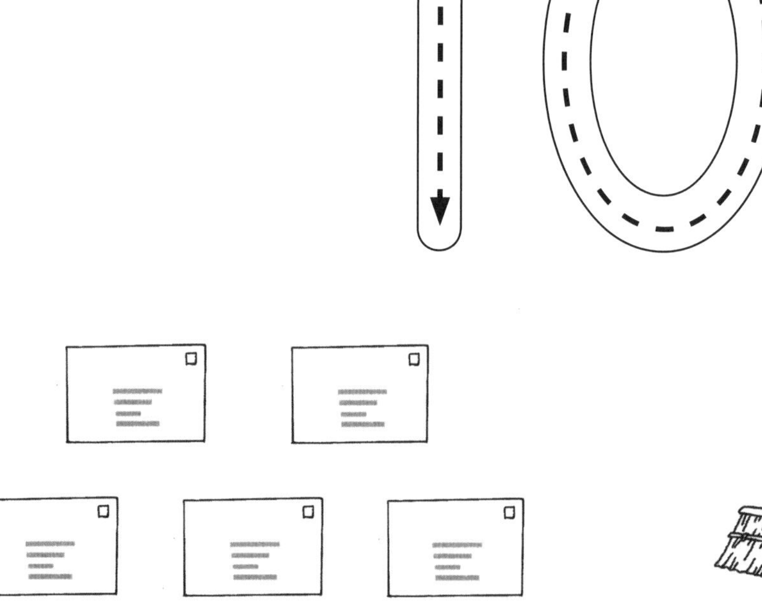

- 設計郵票
- 知道齒孔邊的作用

日期：

請在方框內畫出你喜歡的圖案，設計一枚郵票，然後替郵票畫上齒孔邊。

STEAM UP 小學堂

小朋友，你畫上了齒孔邊了嗎？你知道為什麼郵票要有齒孔邊呢？原來是為了方便人們把郵票撕下來。以前郵票是沒有齒孔邊的，使用時便要一枚一枚地剪開。後來發明了郵票打孔機，在郵票上打上齒孔，我們就可以沿齒孔把它撕下來了。

• 認讀：哭、笑
• 認識情緒

日期：

哪些小朋友是在笑？哪些小朋友是在哭？請把相配的圖畫和字詞用線連起來，然後掃描二維碼，跟着唸一唸字詞。

1 kū 哭 •

2 xiào 笑 •

STEAM UP 小學堂

哭和笑是表達情緒的方式。情緒是由大腦產生，當人受到刺激，就會產生愉快、恐懼、悲傷這類的本能情緒反應，繼而會哭和笑，這些反應其實是紓發情緒的方法。因此當你遇到悲傷或快樂的事情時，要好好地表達出來啊！

• 認識大楷 S、T 和小楷 s、t

日期：

請用手指沿着虛線走，然後把圖畫填上顏色。

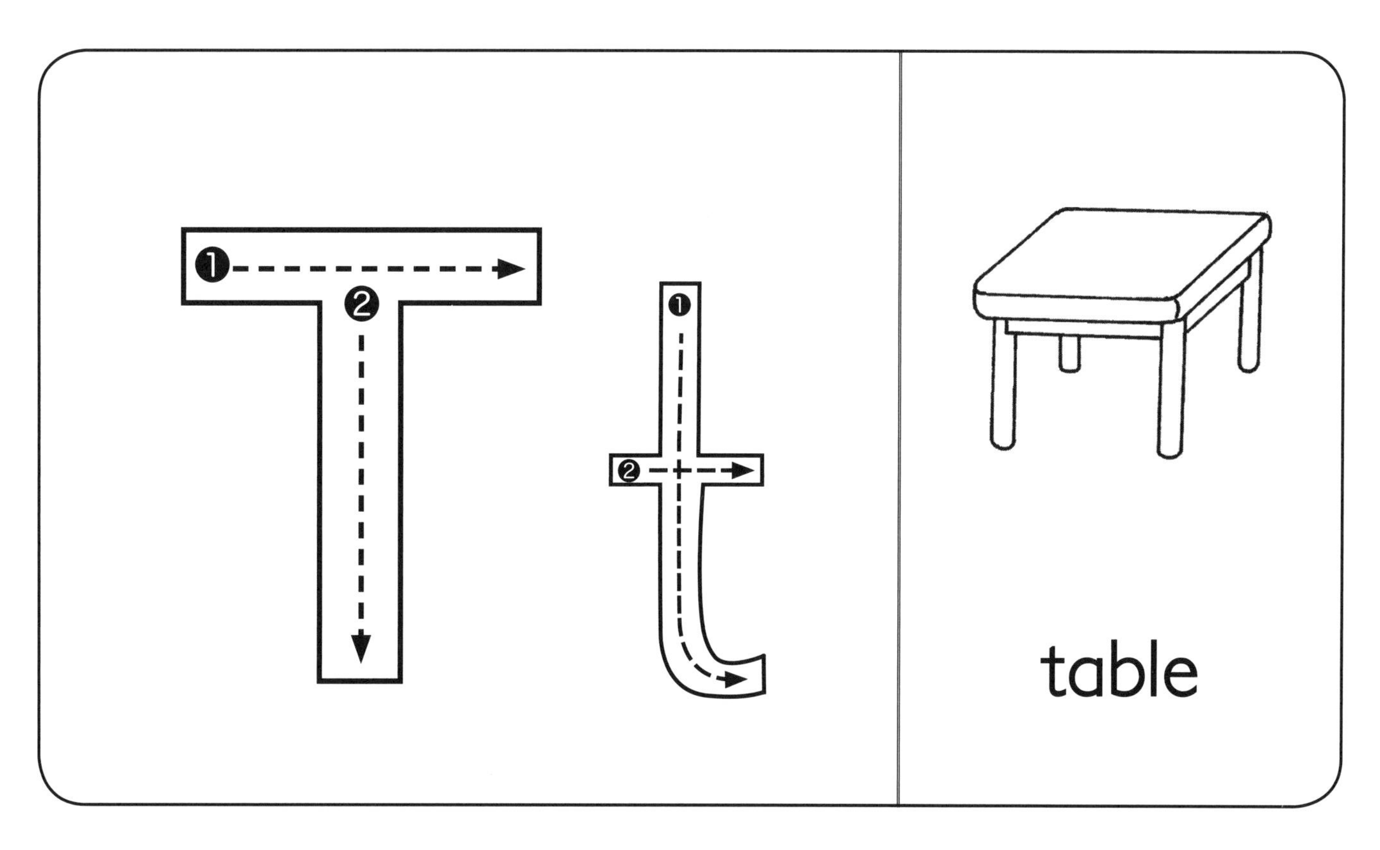

• 温習 1-10 順序數數

日期：

請由 1 開始，順序把數字連起來。

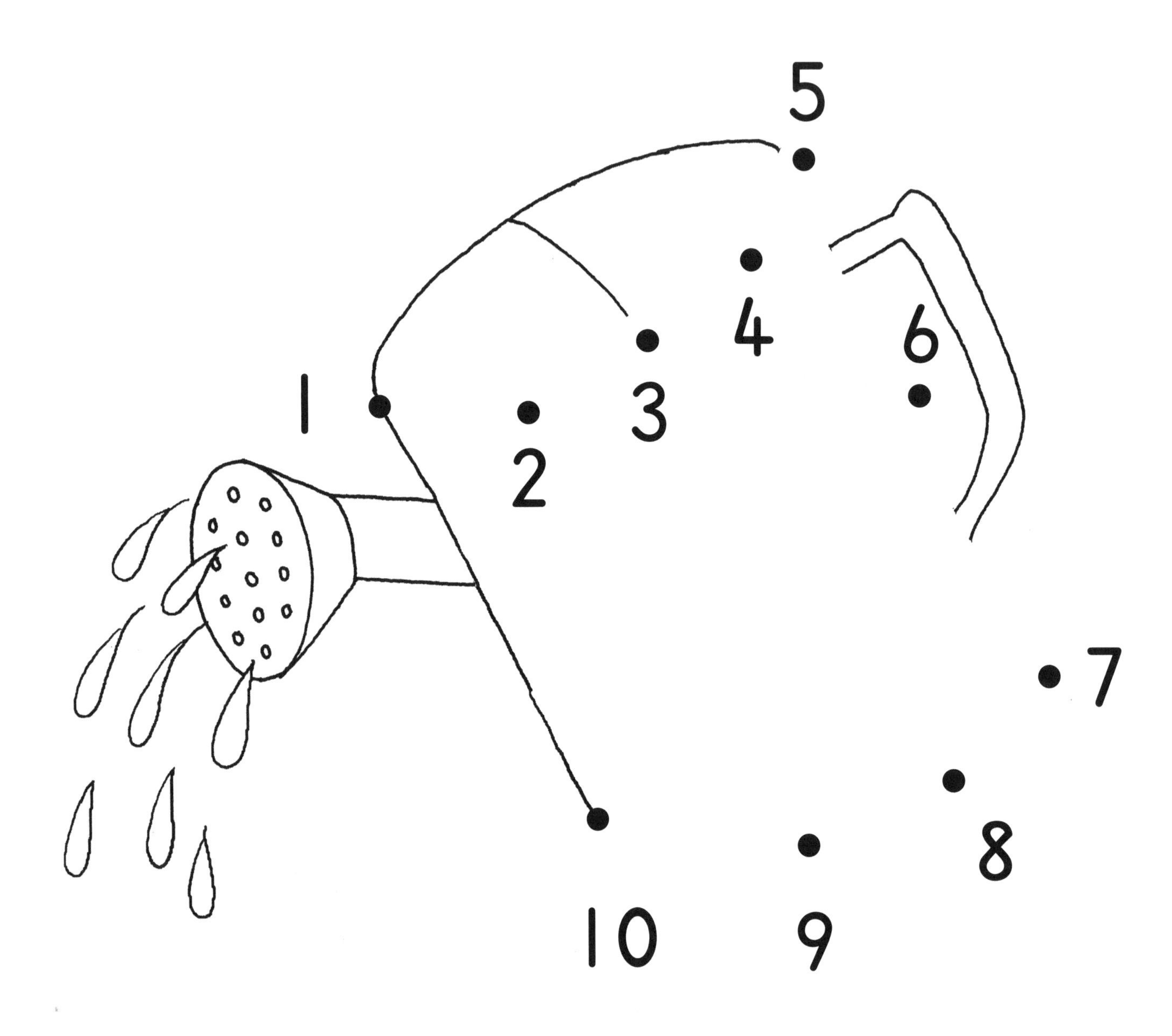

日期：

在以下哪些情況下是需要用水的呢？請在 ◯ 內畫一顆小水滴 💧。

中文

• 認讀：天空、杯子、樹木、雨水

日期：

請從貼紙頁選取跟圖畫相配的字詞貼紙，貼在 ⬚ 內，然後掃描二維碼，跟着唸一唸字詞。

粵語

普通話

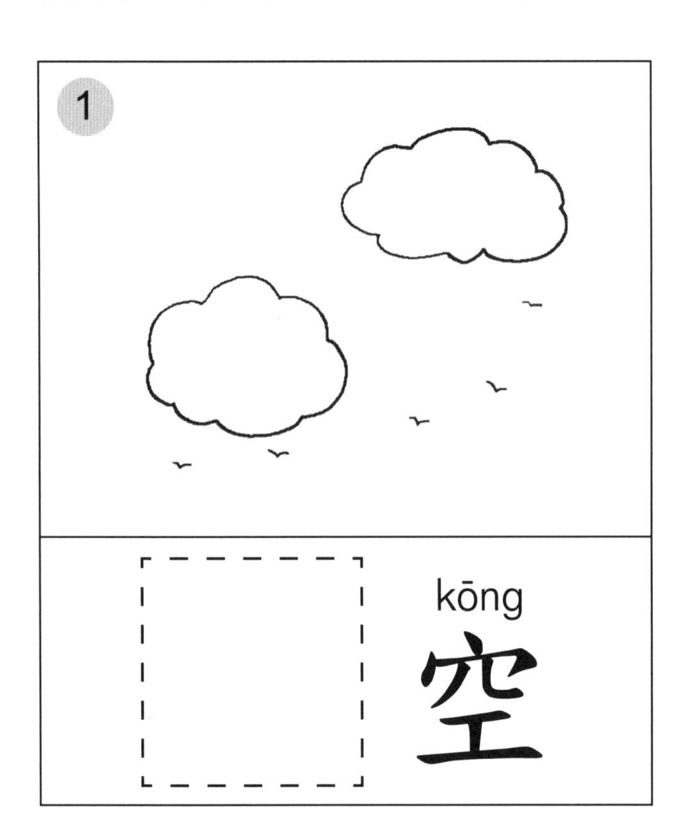

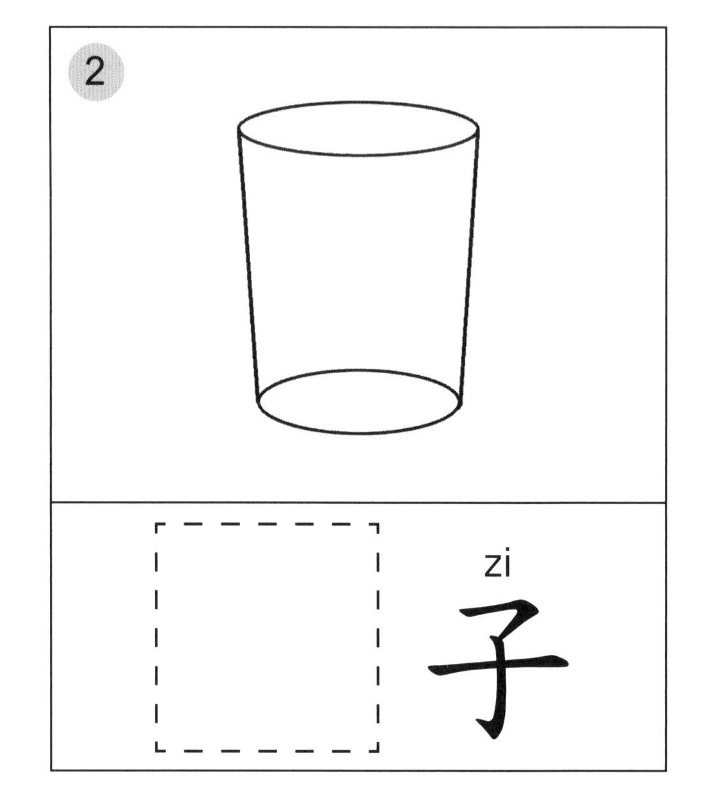

日期：

請把跟圖畫相配的字詞圈起來。

	star moon
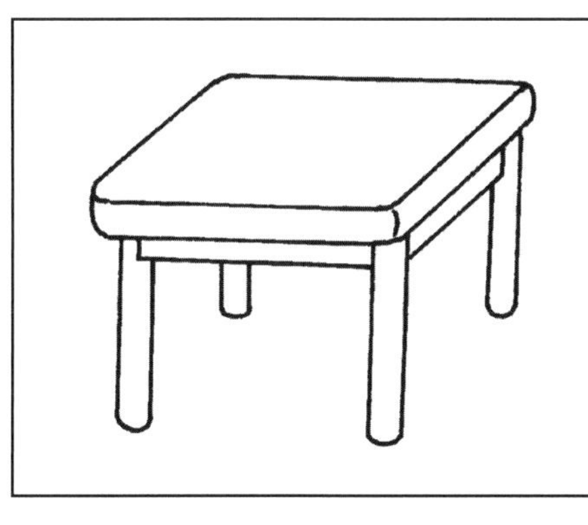	rose table

請把相配的大小楷字母填上相同的顏色。

請把空的杯子圈起來。

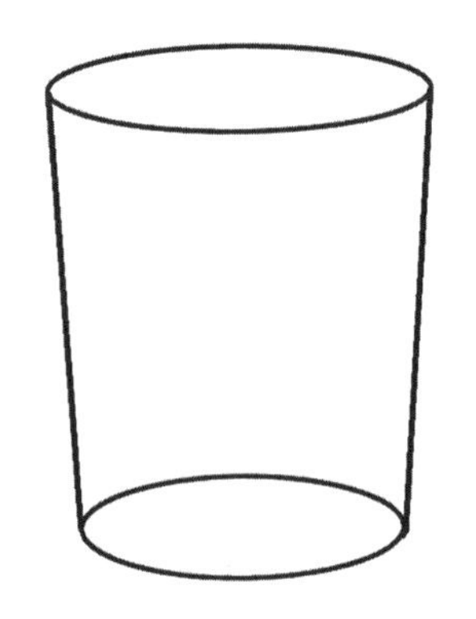

請把盛滿水的魚缸填上顏色。

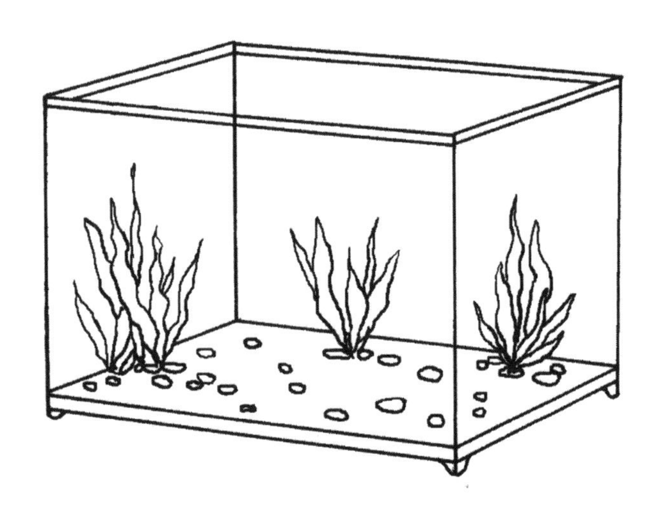

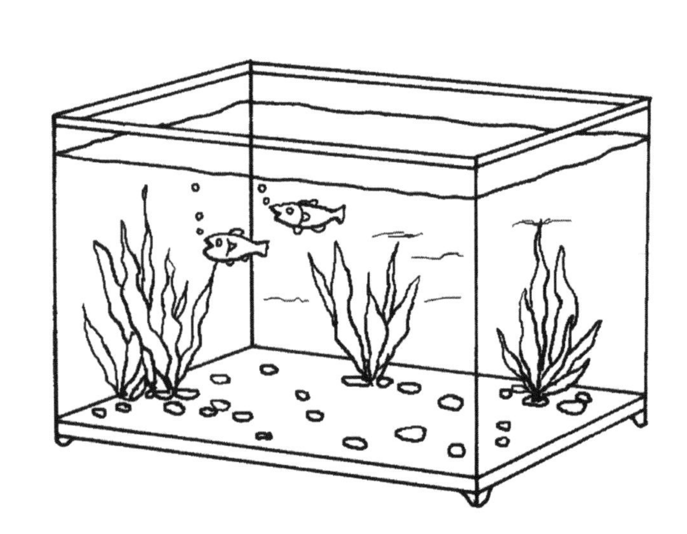

- 拒水畫
- 認識水和蠟的特性

日期：

請先用油性蠟筆把魚身填上顏色，然後用淡淡的水彩塗在整幅圖畫上。

STEAM UP 小學堂

紙張的原材料主要取自樹木，製成各式各樣的紙品。每種紙品的吸水能力各有不同，繪畫用的畫紙便能吸收不同的顏料。而蠟則是油性的，具有「拒水」的特性。當在畫紙上先以蠟筆作畫，再加上水溶顏料，你便能觀察到紙張的吸水和蠟筆拒水的效果了。

• 認識中國數字：一、二、三

日期：

請從貼紙頁選取與旗號相配的中國數字貼紙，貼在 ⬚ 內，然後掃描二維碼，跟着唸一唸數字。

1

2

3

● 認識大楷 U、V 和小楷 u、v

日期：

請用手指沿着虛線走，然後把圖畫填上顏色。

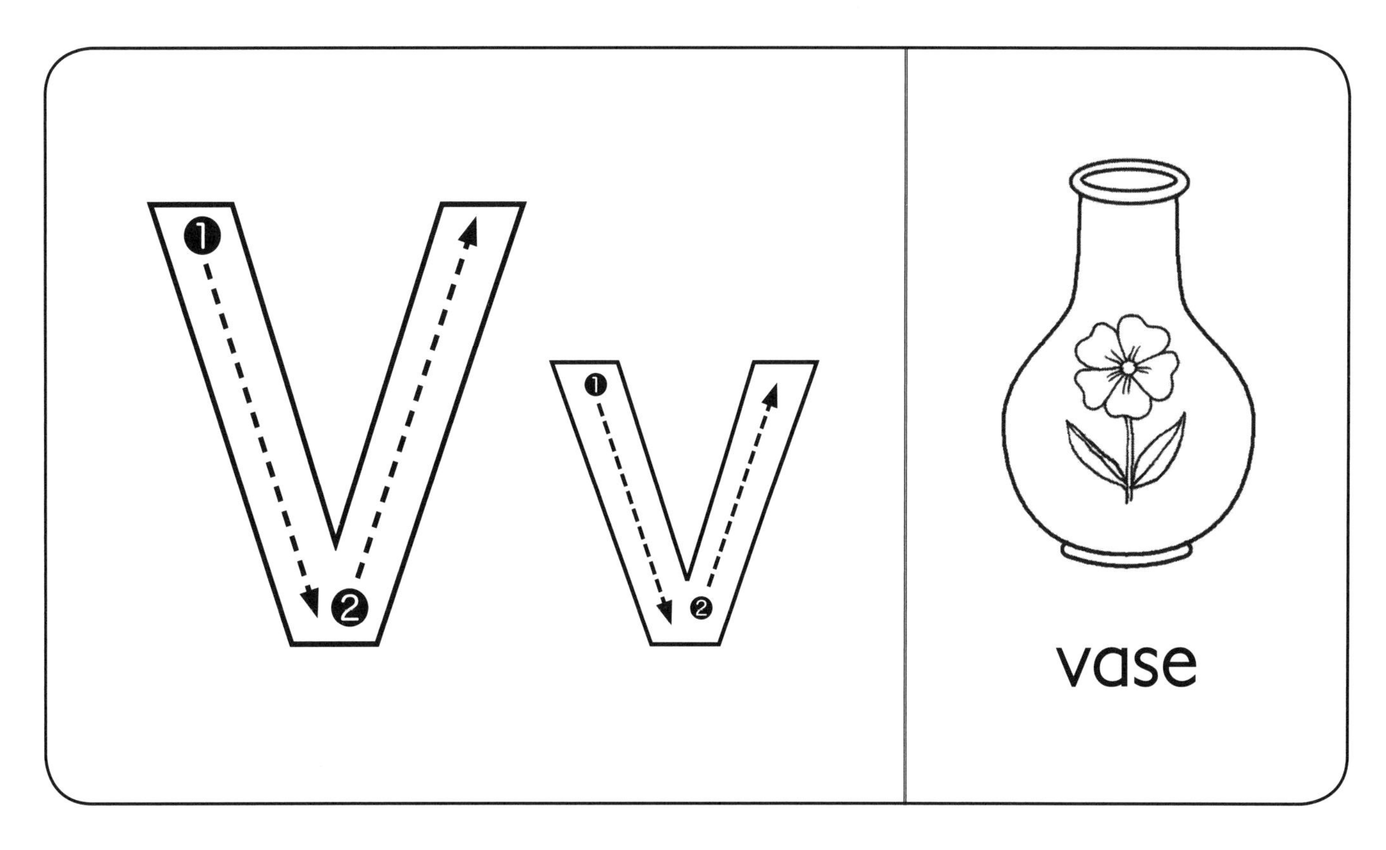

請按數字貼上正確數量的物件。

6	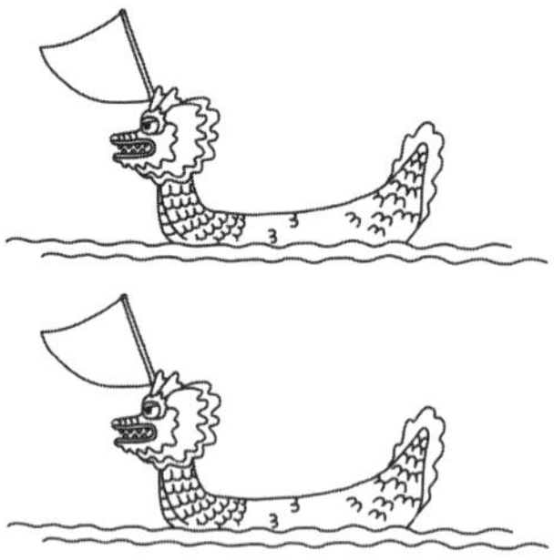
7	
8	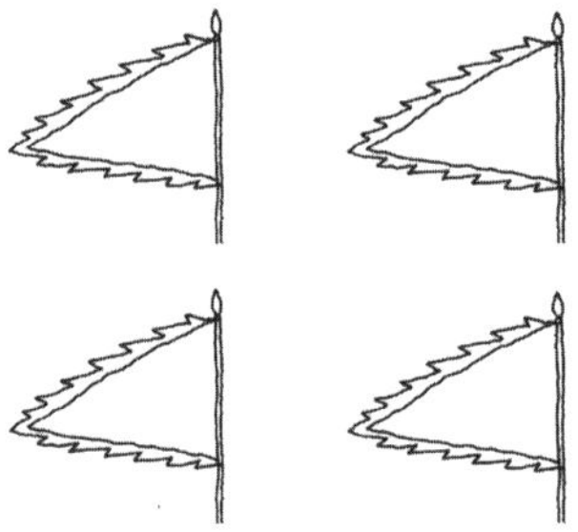
9	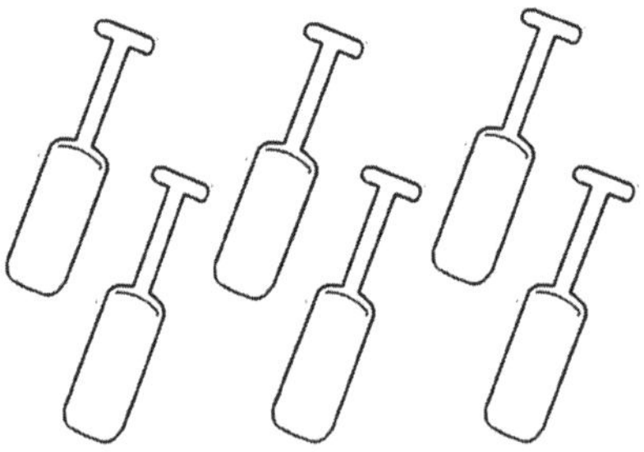
10	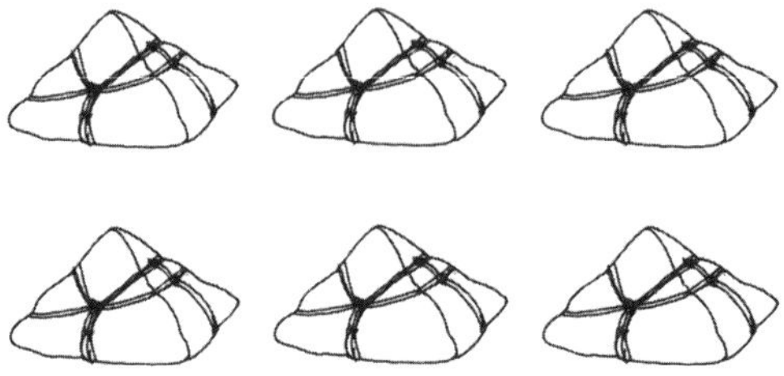

• 認識與端午節有關的事物

日期：

哪些圖畫是與端午節有關的？請在 ☐ 內填上 ✓。

- 認讀：日、山、海、沙
- 認識沙的特性

日期：

請從貼紙頁選取正確的字詞貼紙，貼在 ⬚ 內，然後掃描二維碼，跟着唸一唸字詞。

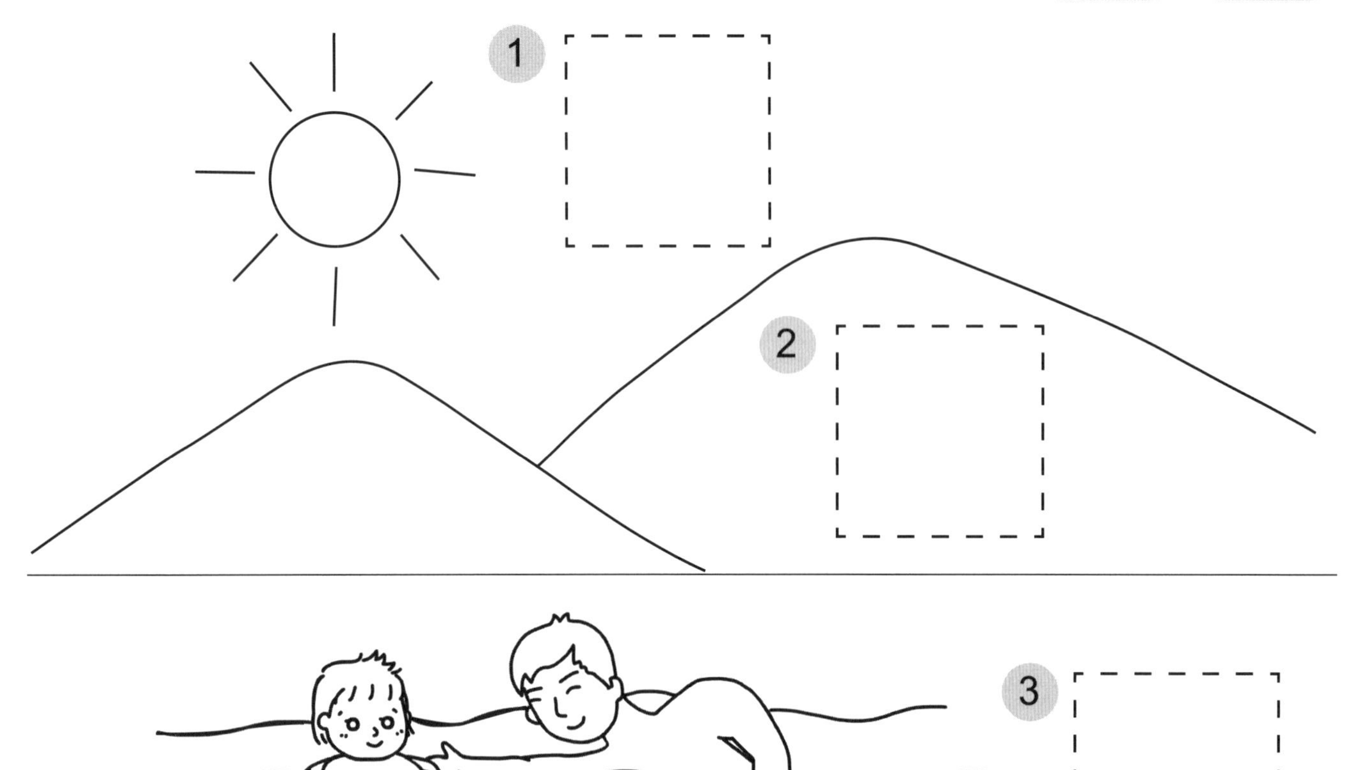

STEAM UP 小學堂

請爸媽預備麪粉和水，讓孩子試試用多少份量的水可增加麪粉的黏性。
為什麼沙可以堆出城堡呢？原來就是要加些水，以保持沙粒的黏力，然後我們便可以將沙壓實了。如果沒有水，沙便會因鬆散而很易塌下來。

- 認字：umbrella、vase
- 温習 S 至 V 的大小楷

日期：

請把跟圖畫相配的字詞圈起來。

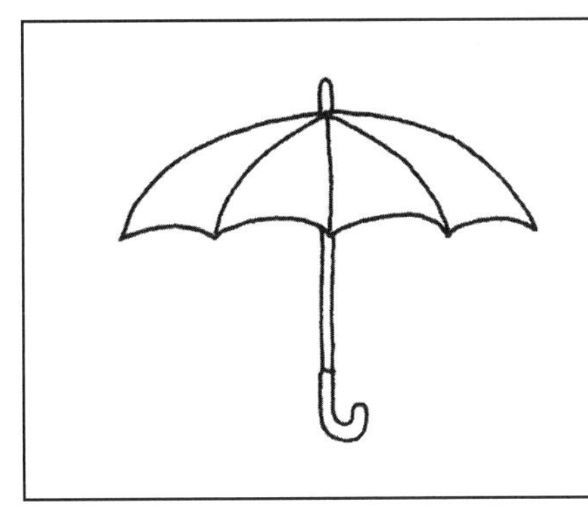	umbrella pig
	queen vase

請把相配的大小楷字母用線連起來。

請把闊的褲子填上紅色。

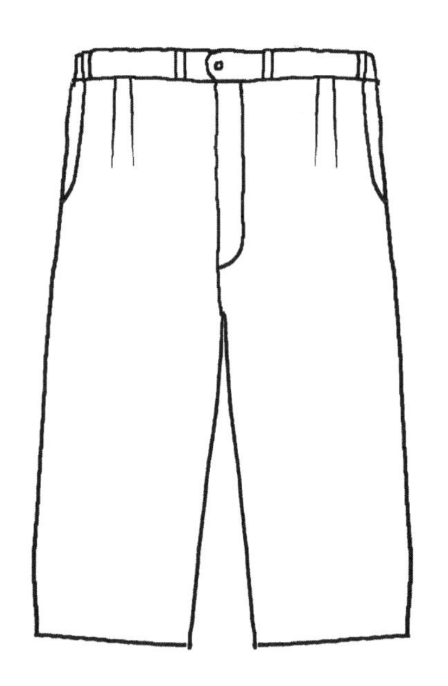

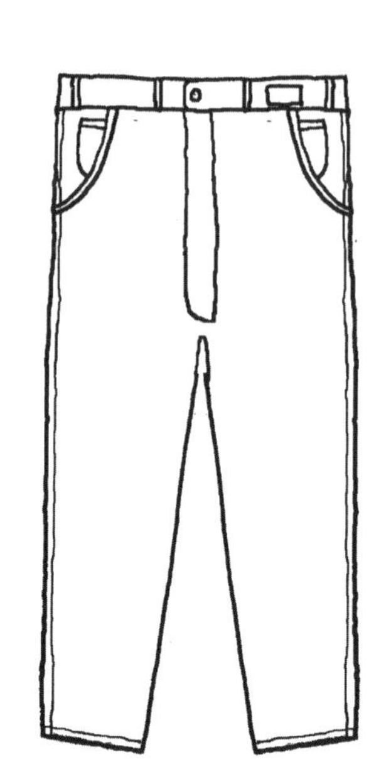

請把窄的裙子填上黃色。

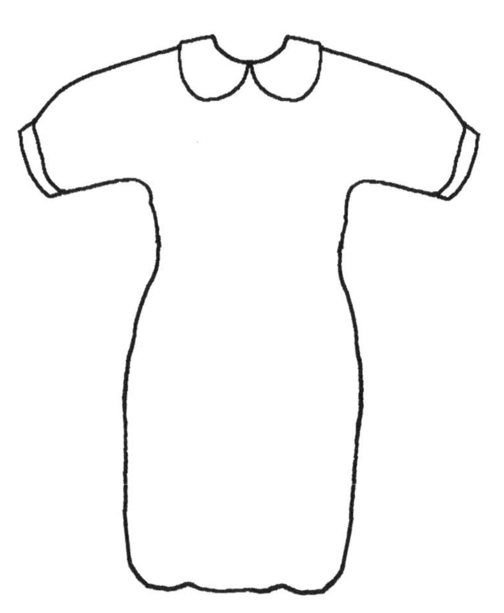

- 設計衣服
- 知道布料能染色

日期：

請替小男孩及小女孩各設計一套衣服。

STEAM UP 小學堂

請爸媽找一條舊手帕或一件舊衣物，讓孩子試試用水彩在上面塗色，看看衣物染上顏色時的效果。
我們穿着的衣服多用布料製成，布料是用羊毛等天然物料，也有用人工物料所製，人們可以在布料上染上不同的顏色或圖案，是因為顏色可以滲透在布料的纖維上。

• 認讀：上衣、裙子、帽子、鞋子

日期：

請把正確的衣物跟相配的字詞用線連起來，然後掃描二維碼，跟着唸一唸字詞。

1  • • 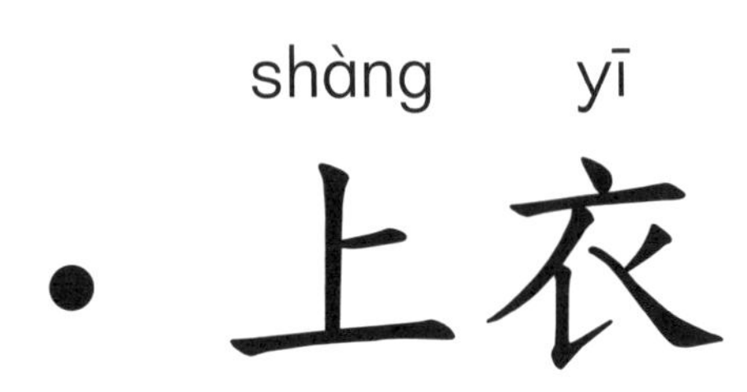

2  • • qún zi 裙子

3  • • mào zi 帽子

4  • • xié zi 鞋子

請用手指沿着虛線走，然後把圖畫填上顏色。

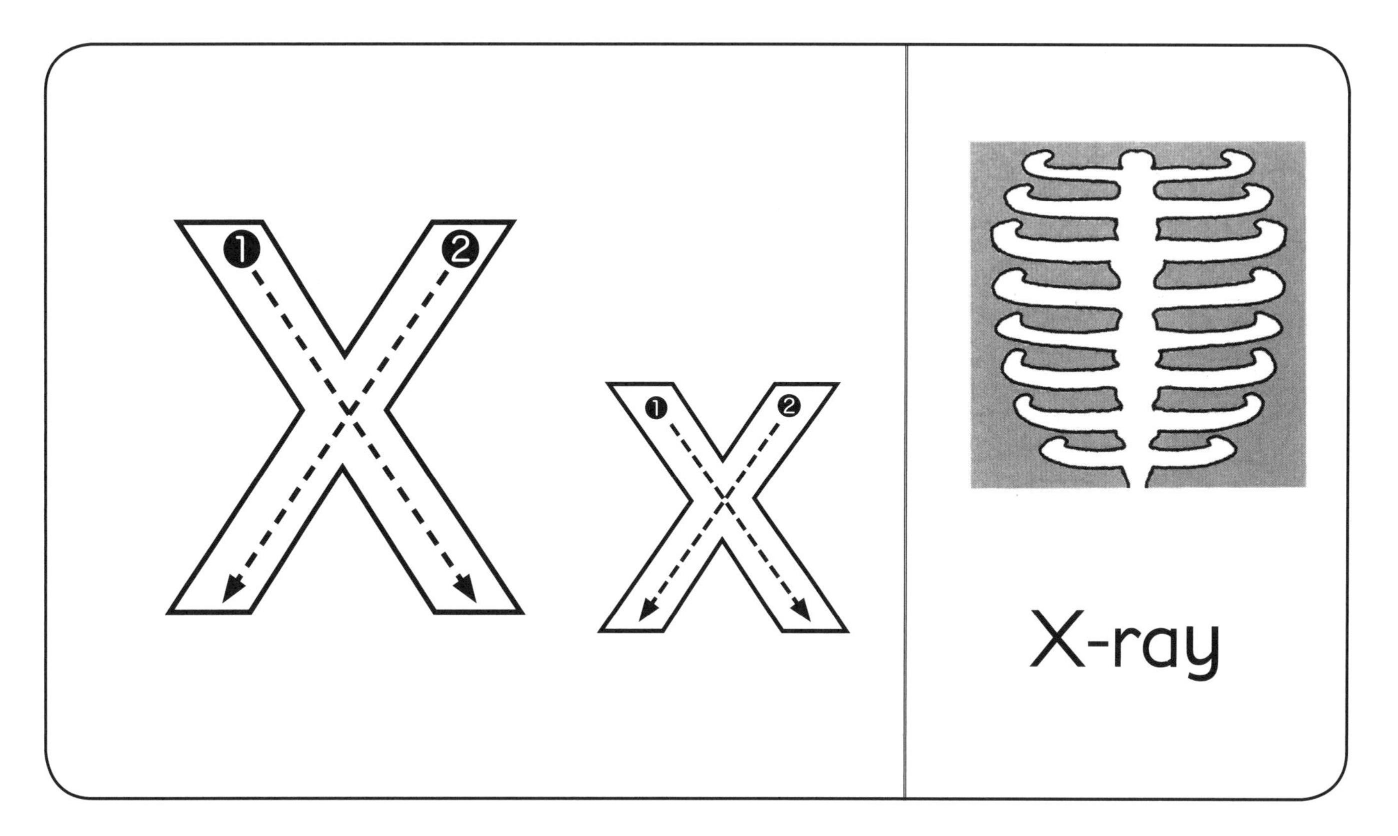

• 認識 11 的數字和數量

日期：

請用手指沿着虛線走，然後把數量是 11 的物件圈起來。

❶ ❷

日期：

請把游泳的用品填上顏色。

中文

• 認讀：游泳衣、玩沙、海洋、小船

日期：

請從貼紙頁選取正確的字詞貼紙，貼在 ⬚ 內，然後掃描二維碼，跟着唸一唸字詞。

粵語

普通話

1

yóu yǒng
游泳

2

wán
玩

3

hǎi
海

4

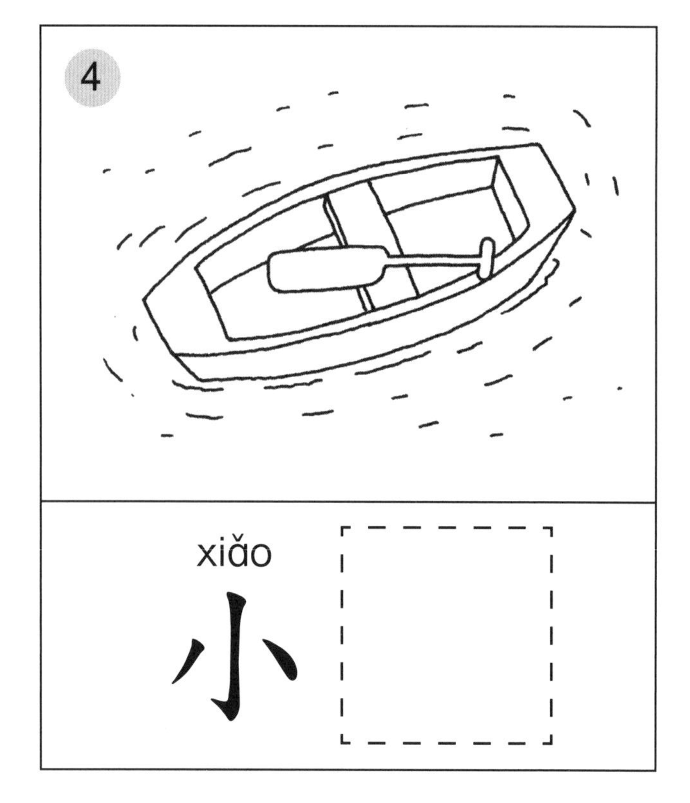

xiǎo
小

- 認字：window、X-ray
- 溫習 V 至 X 的大小楷

日期：

請從貼紙頁選取正確的字詞貼紙，貼在 ⬚ 內。

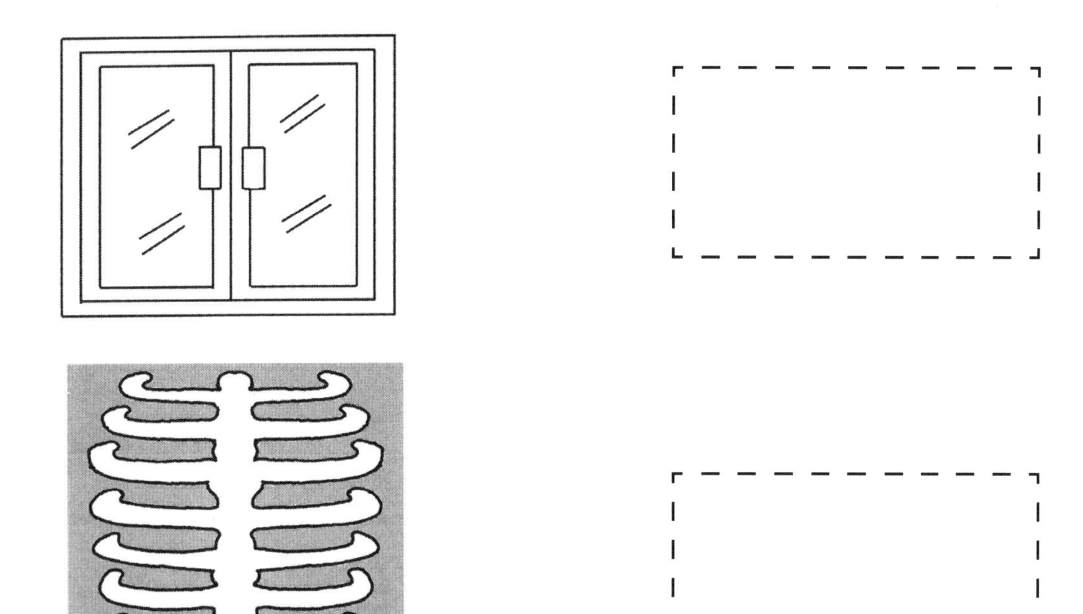

請把跟大楷字母相配的小楷字母圈起來。

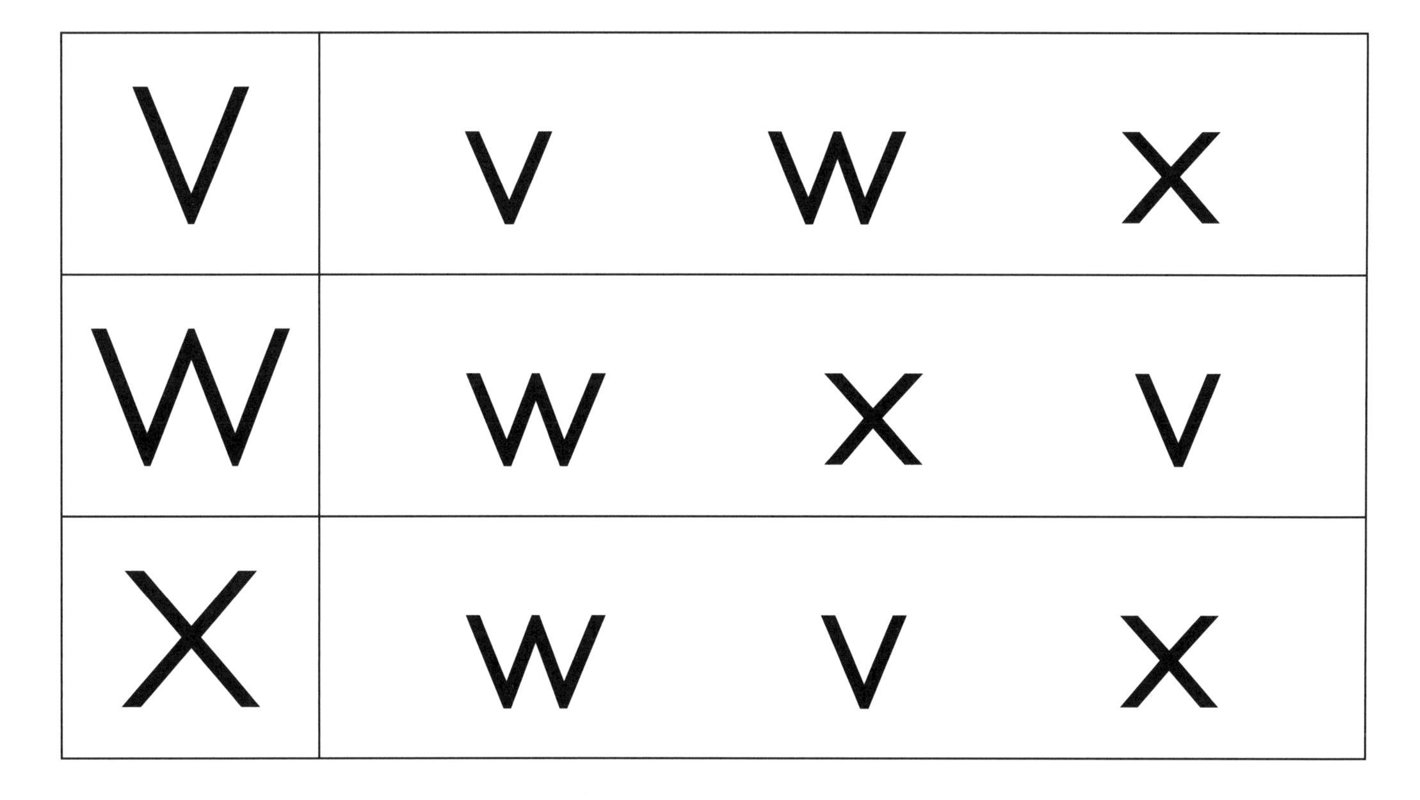

V	v	w	x
W	w	x	v
X	w	v	x

• 認識快和慢的概念

日期：

請觀察下圖的游泳比賽，然後把正確答案填上顏色。

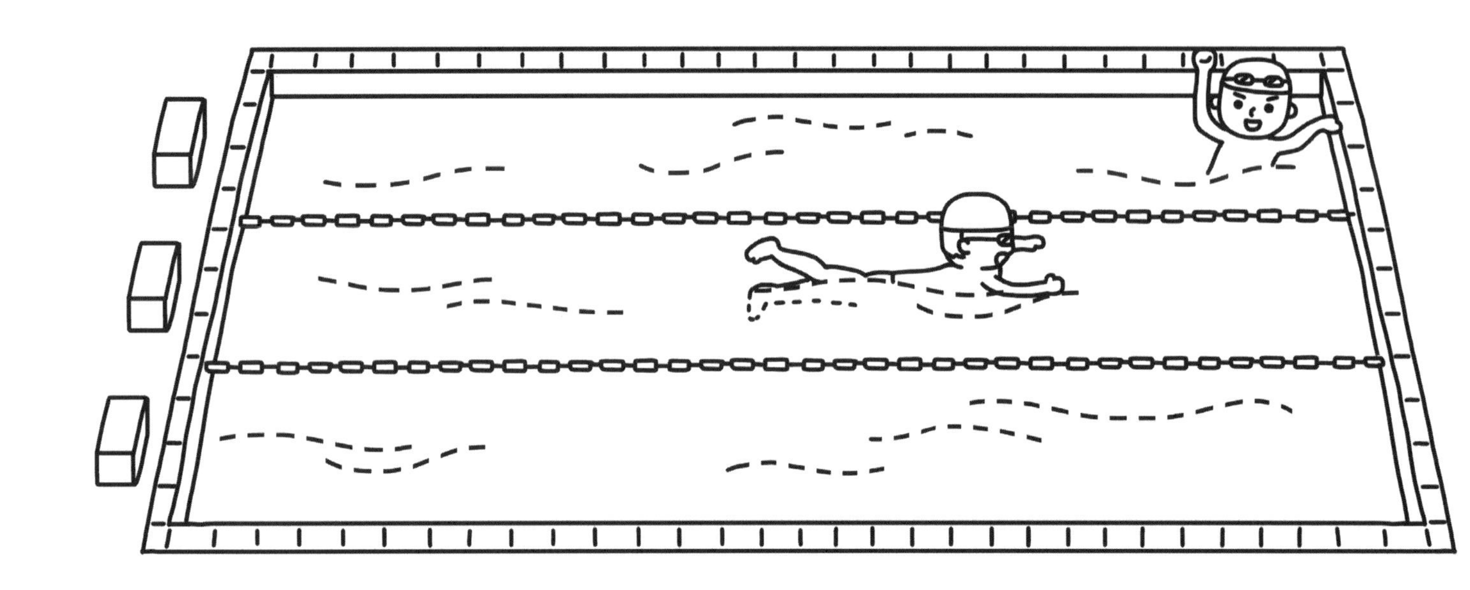

1

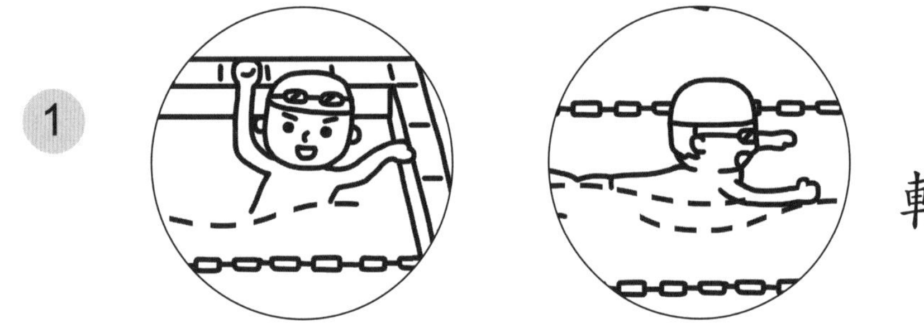

較慢到達終點。

2

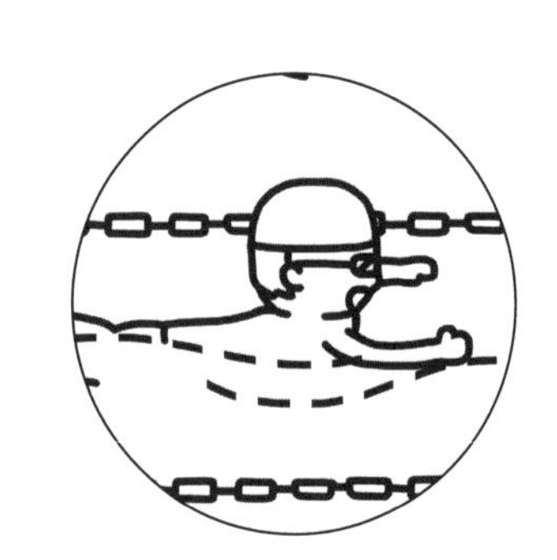

較快到達終點。

日期：

請把不同顏色的紙撕成小塊，然後貼在皮球上。

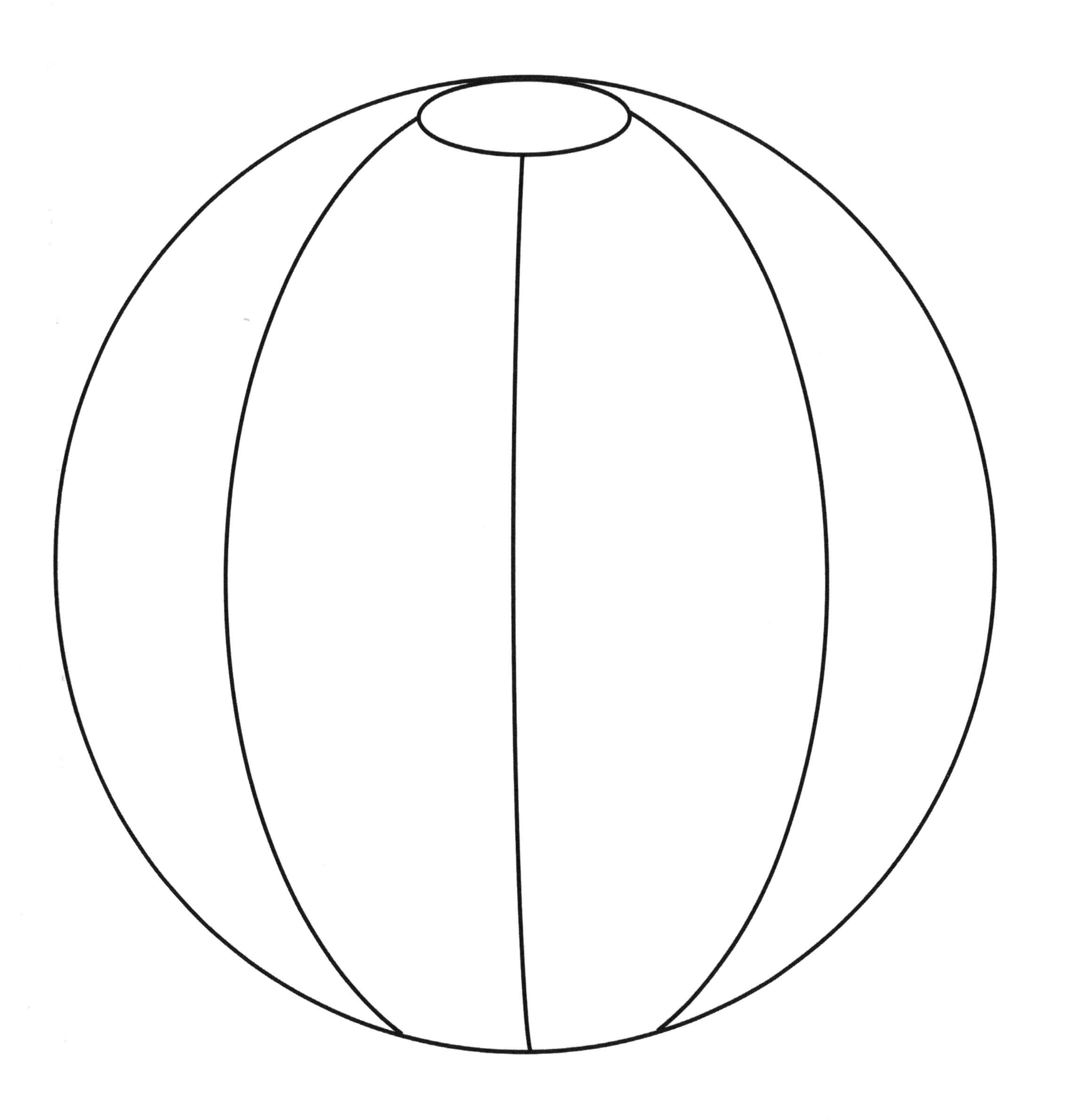

中文

• 認讀：穿衣、吃飯、刷牙、洗手

日期：

請從貼紙頁選取跟圖畫相配的字詞貼紙，貼在 ⬚ 內，然後掃描二維碼，跟着唸一唸字詞。

1

chuān
穿

2

chī
吃

3

shuā
刷

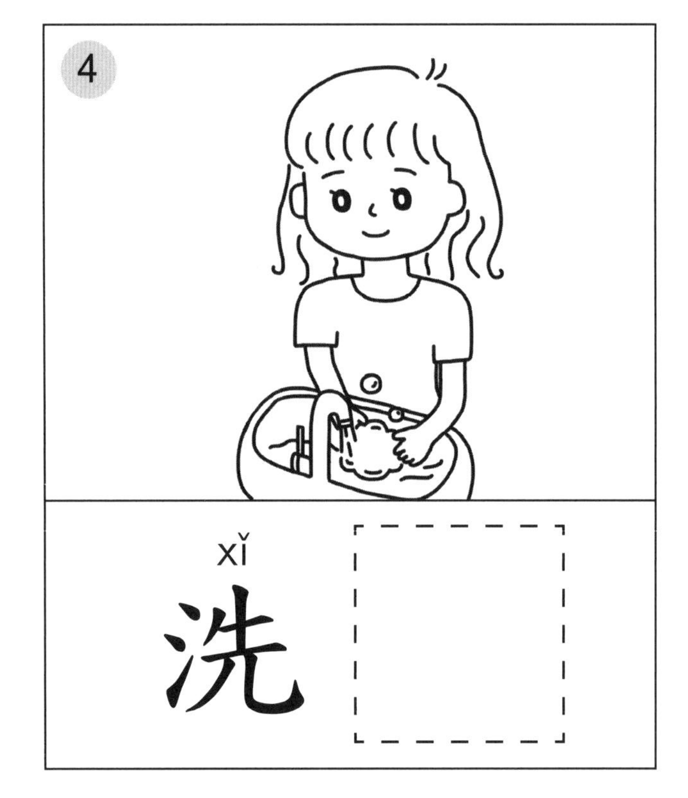

4

xǐ
洗

請用手指沿着虛線走，然後把圖畫填上顏色。

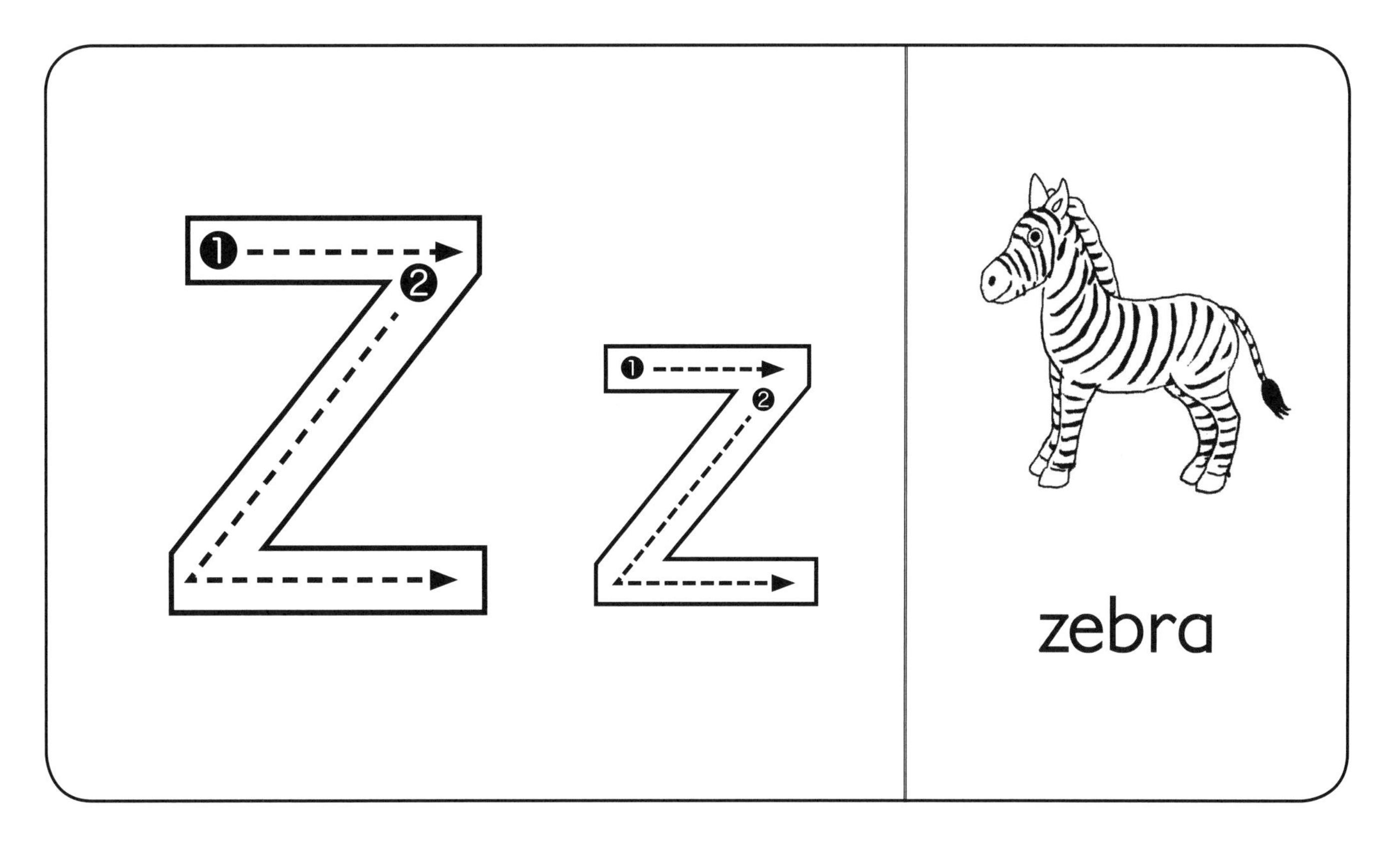

從左至右，下面哪一串珠是由大至小排列的？請把它填上顏色。

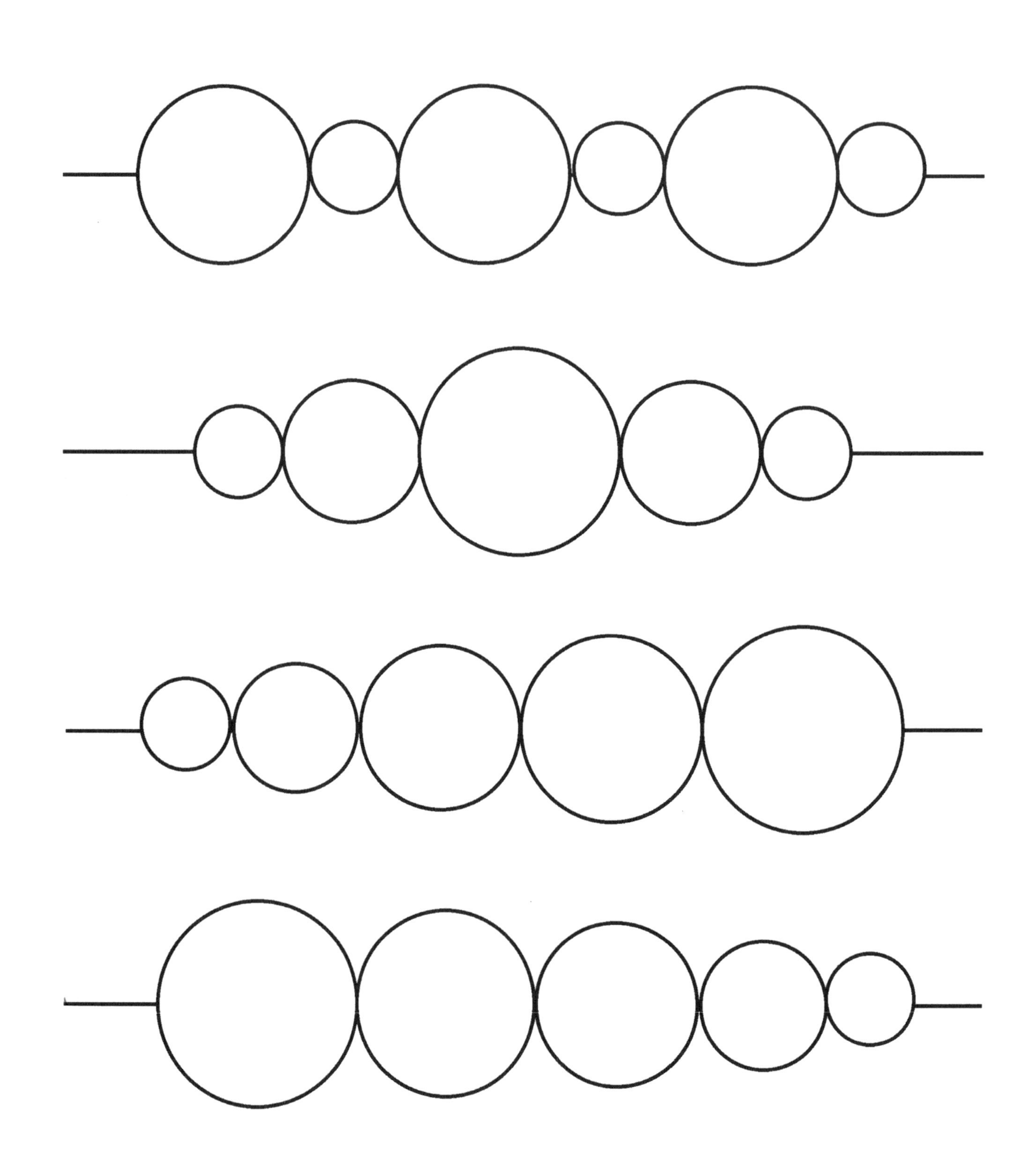

哪個小朋友懂得注意飲食衞生？請在 ☐ 內填上 ✓。

• 認讀：眼睛、鼻子、口、耳朵、手、腳

日期：

請從貼紙頁選取跟圖畫相配的字詞貼紙，貼在 ⬚ 內，然後掃描二維碼，跟着唸一唸字詞。

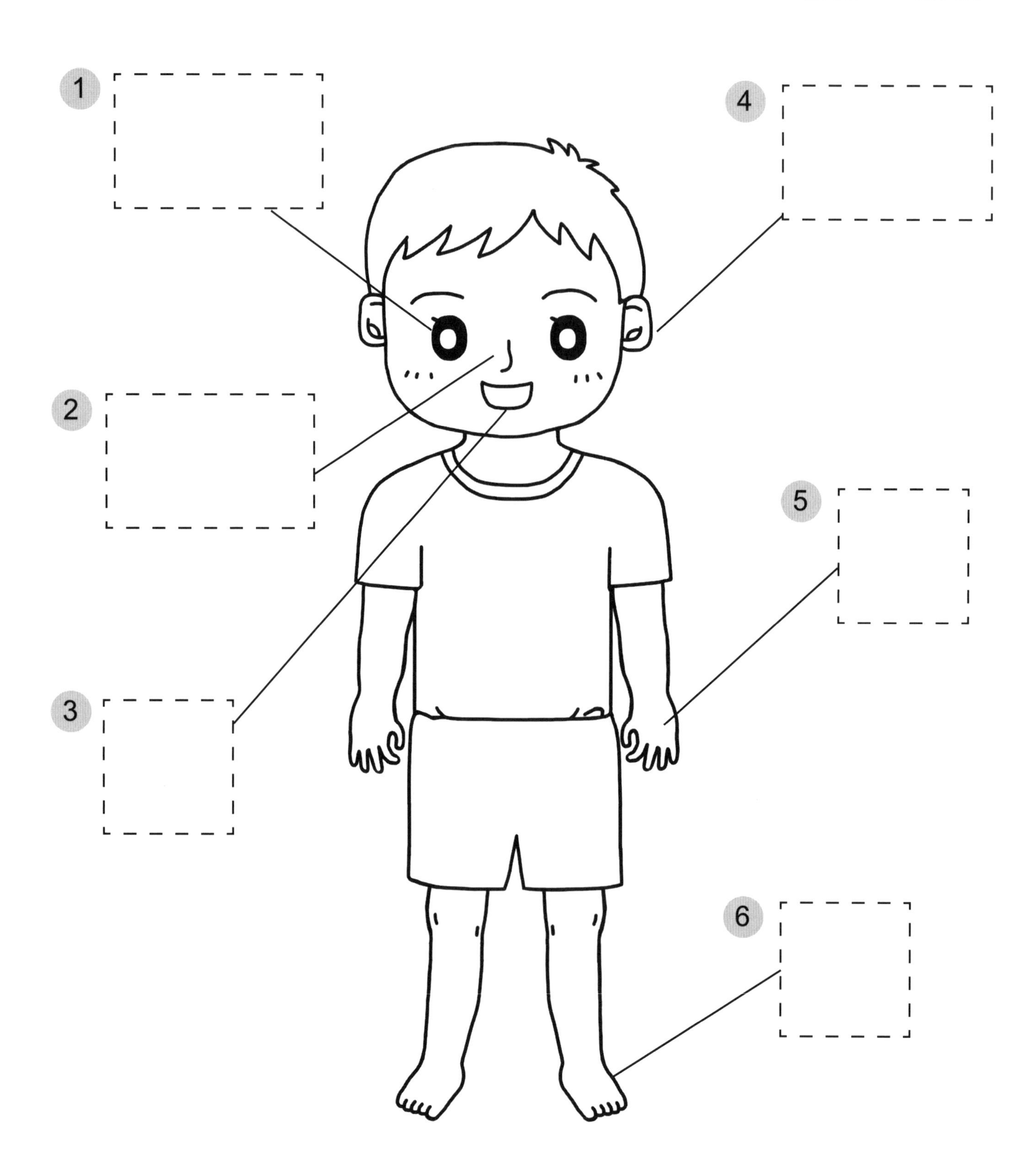

請把正確字詞的方格填上顏色。

window
bee

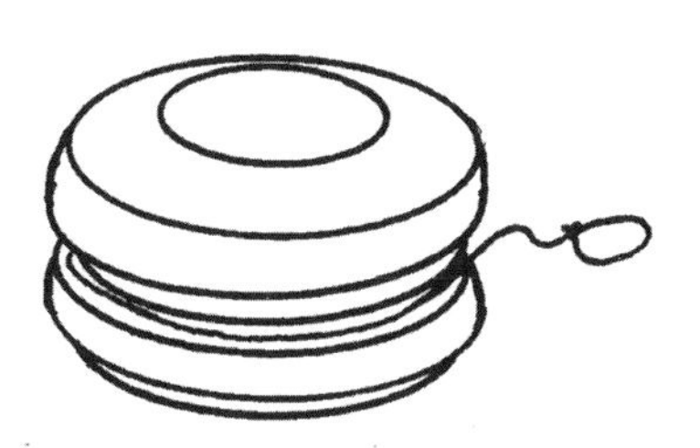

key
yo-yo

zebra
pig

jam
ice

• 認識排列的概念

日期：

請觀察每組圖的排列規律，下一幅圖是怎樣的？請把它畫在 □ 內。

日期：

小朋友，請跟着下面的步驟來摺鯨魚。

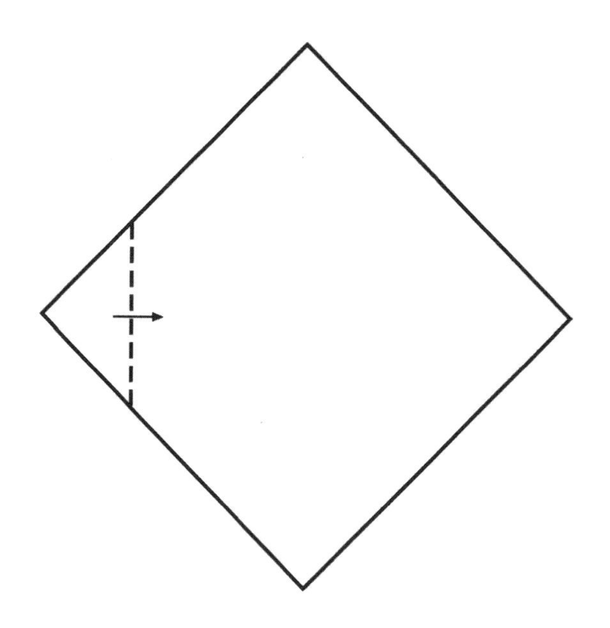

1 預備一張正方形紙，然後沿虛線向內摺。

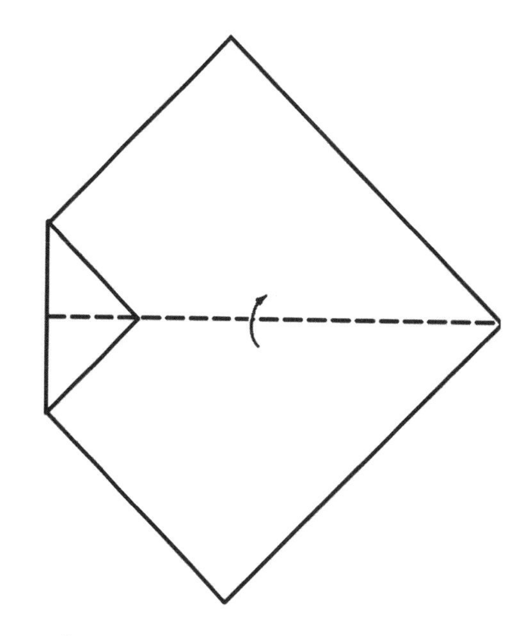

2 沿虛線對摺。

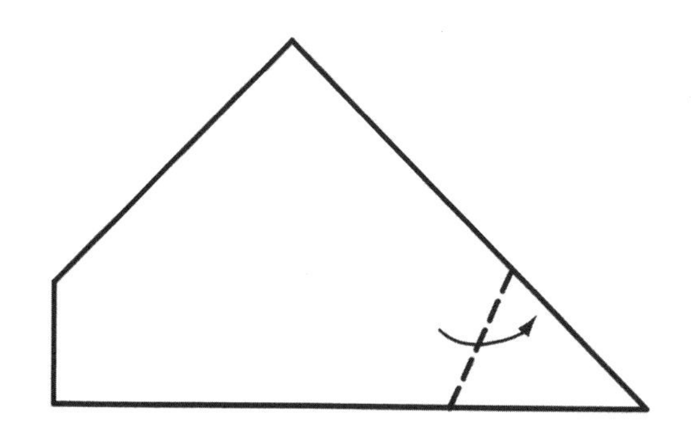

3 再沿虛線向後摺。

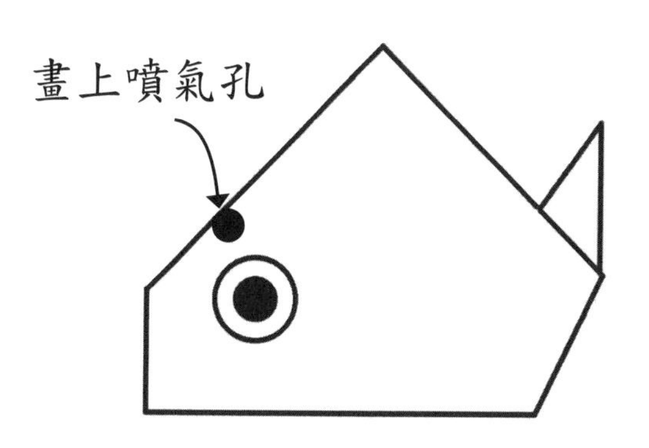

4 加上眼睛和噴氣孔，便成一條鯨魚了。

STEAM UP 小學堂

鯨魚會噴水其實是在深呼吸。牠的噴氣孔長在頭頂兩眼中間。當鯨魚從海底浮到海面上換氣時，肺部中強力的氣流會衝出鼻孔，從噴氣孔把海水噴出來。

• 認讀：天空、小鳥、山羊、雨天

日期：

請把跟字詞相配的圖畫填上顏色，然後掃描二維碼，跟着唸一唸字詞。

粵語

普通話

1 tiān kōng 天空		
2 xiǎo niǎo 小鳥		
3 shān yáng 山羊		
4 yǔ tiān 雨天		

請由 A 開始，順序把大楷字母連起來，然後讀出動物的名稱。

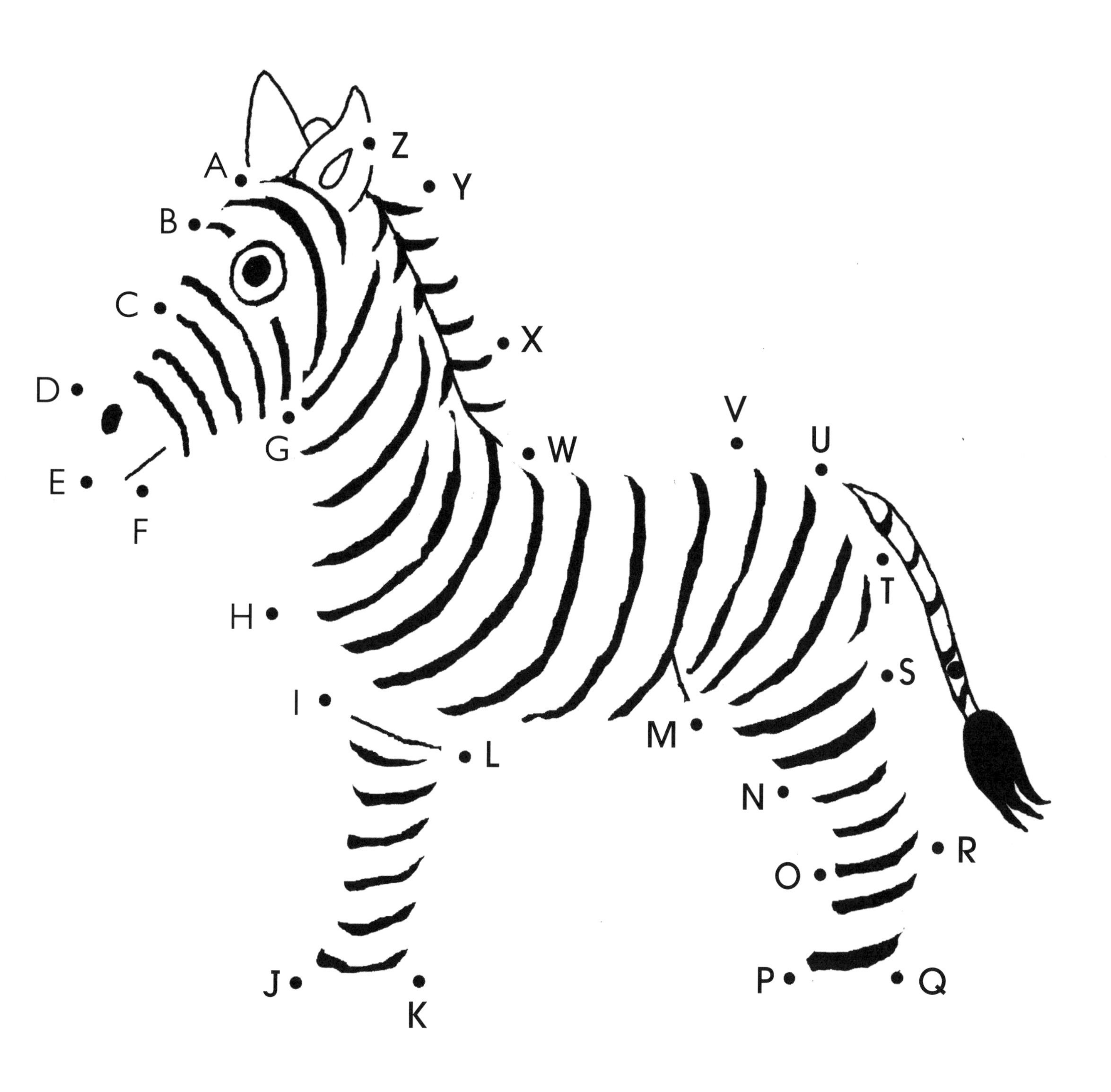

ZEBRA

請把每組中不同的物件圈起來。

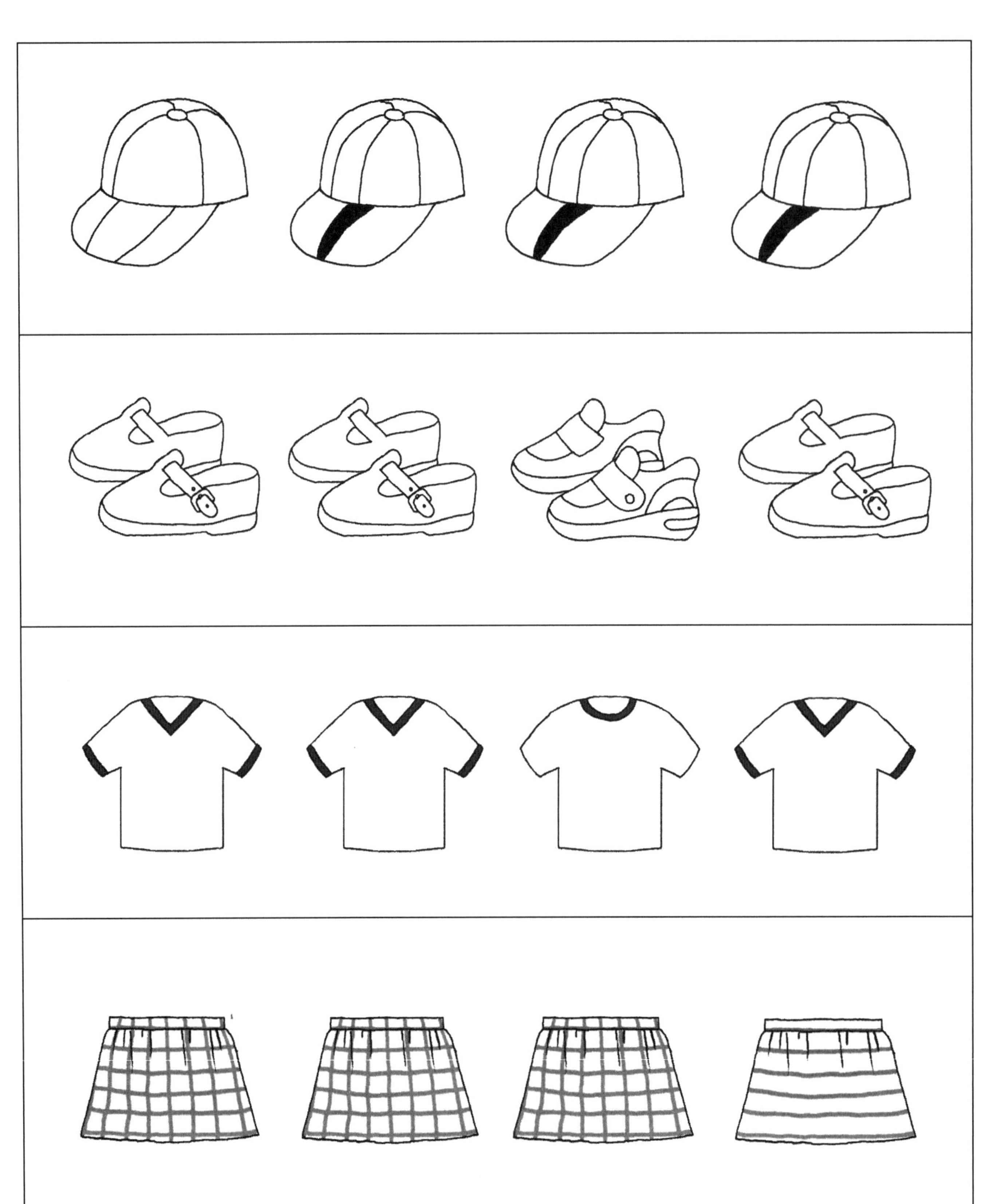

- 認識水上安全

日期：

哪些是游泳時要注意的安全事項？請在 ☐ 內填上 ✓。

• 温習字詞

日期：

請把跟圖畫相配的字詞填上顏色，然後掃描二維碼，跟着唸一唸字詞。

1

chuán 船	chē 車

2

cǎo 草	shù 樹

3

yá 牙	shǒu 手

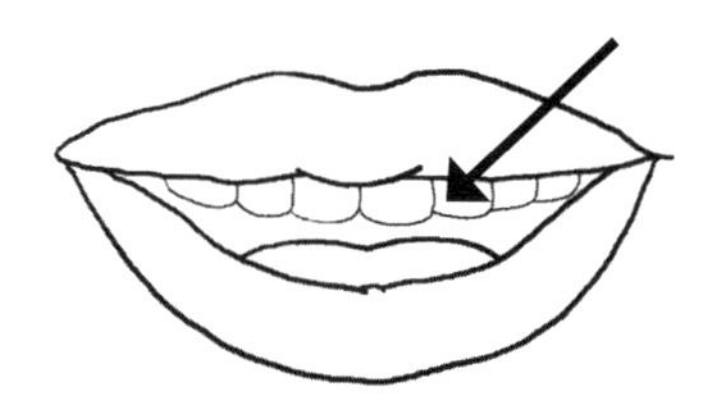

4

xié 鞋	yī 衣

日期：

請把跟字詞相配的圖畫圈起來。

zebra	
X-ray	
star	
vase	

請從貼紙頁選取正確的圖形貼紙，貼在適當的位置。

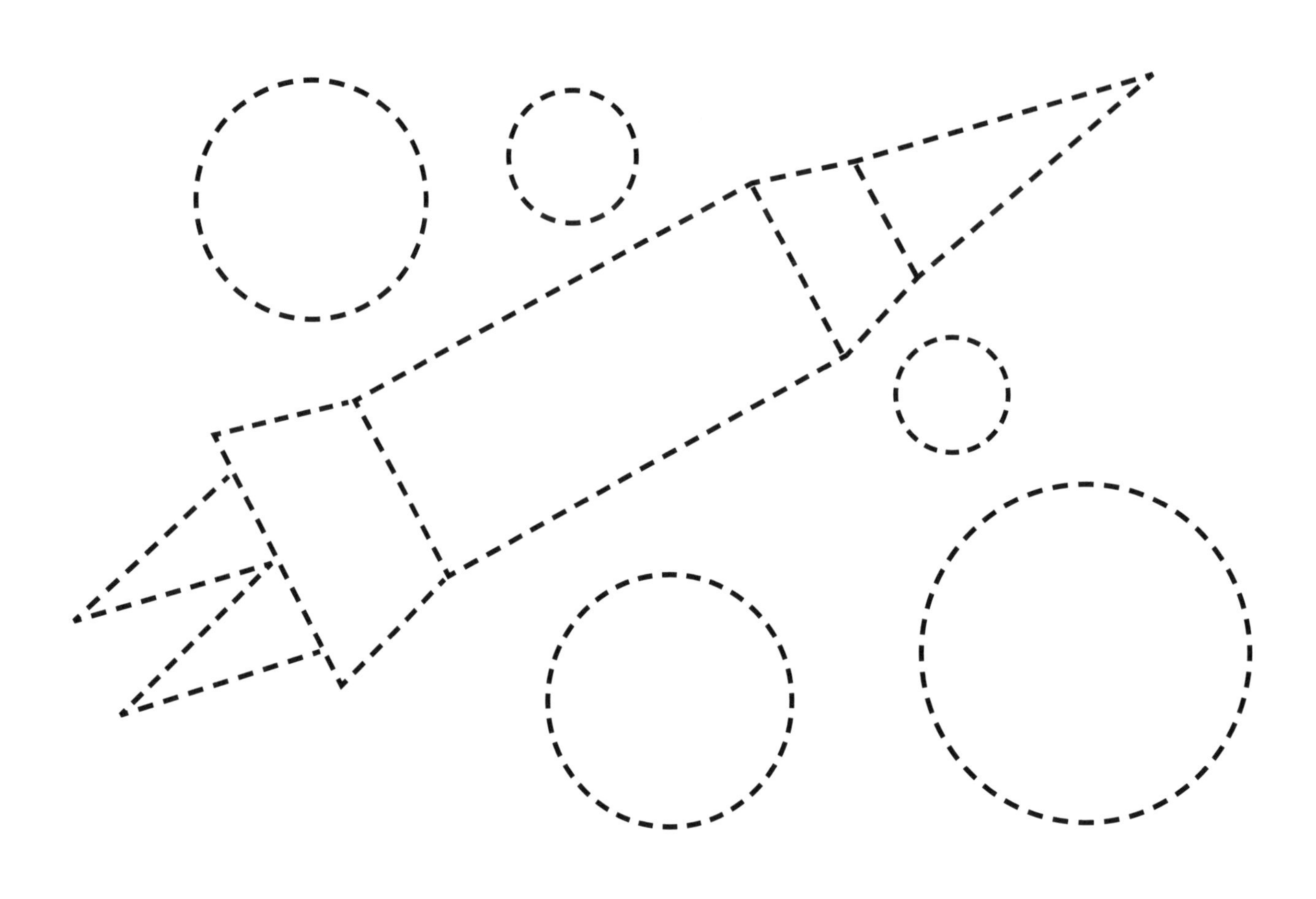

請數一數上面各圖形的數量，然後從貼紙頁選取正確的數字貼紙，貼在 ⬚ 內。

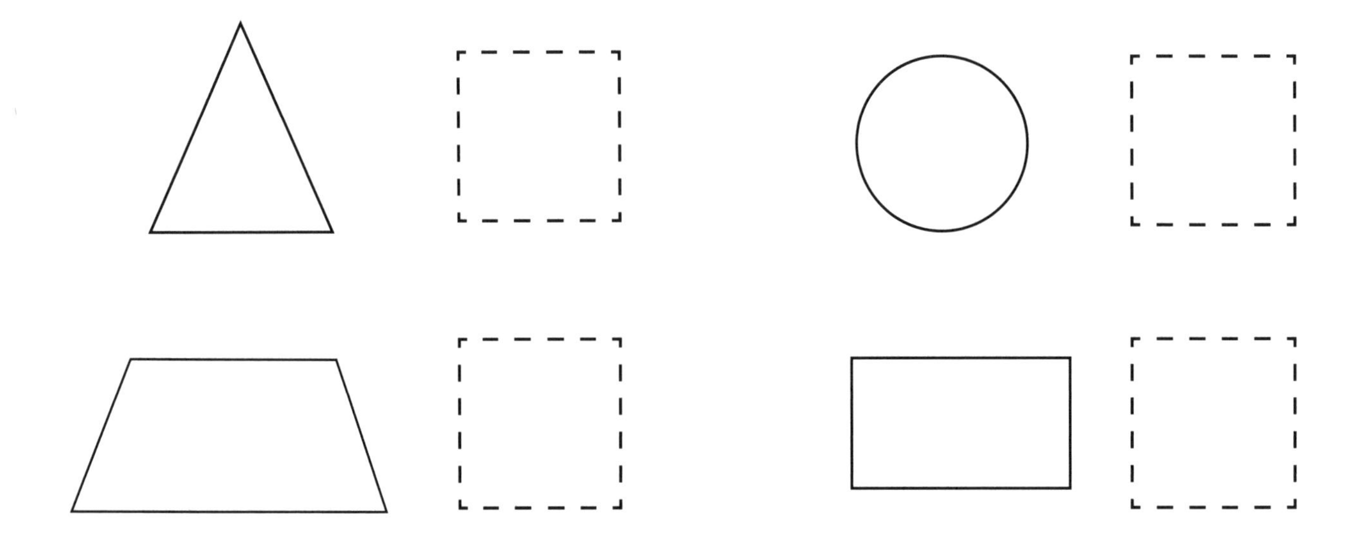